図解入門
How-nual
Visual Guide Book

Helicopter 最新

ヘリコプターが
よ〜くわかる本

構造から飛行原理、各種形態、活用例まで

青木 謙知 著

秀和システム

●注意
(1) 本書は著者が独自に調査した結果を出版したものです。
(2) 本書は内容について万全を期して作成いたしましたが、万一、ご不審な点や誤り、記載漏れなどお気付きの点がありましたら、出版元まで書面にてご連絡ください。
(3) 本書の内容に関して運用した結果の影響については、上記(2)項にかかわらず責任を負いかねます。あらかじめご了承ください。
(4) 本書の全部または一部について、出版元から文書による承諾を得ずに複製することは禁じられています。
(5) 本書に記載されているホームページのアドレスなどは、予告なく変更されることがあります。
(6) 商標
本書に記載されている会社名、商品名などは一般に各社の商標または登録商標です。

はじめに

　ヘリコプターという乗り物は、思いのほか日本に適した乗り物なのです。日本の国土面積は、世界201の国と地域のなかで61番目と決して広くありませんし、その約75%を森林や山岳地が占めています。さらに、海に囲まれた島国国家ですから、陸地の間には海が広がっています。こうした国内を行き来するにはそれらを飛び越えるのがもっとも合理的で、かつ平地が少ないとなると長い滑走路と広大な面積を必要とする飛行場は、そんなには作れません。このような日本においては、垂直に離着陸できて狭いスペースで運用できるヘリコプターは、使い勝手のよい乗り物ということができるのです。

　2024年8月の時点で、国土交通省に登録されている日本の民間航空機は約2,800機あって、このうち約1,300機が固定翼機で、航空会社が保有しているいわゆる旅客機は200機弱になっています。これに対してヘリコプターは約850機ですので、登録民間航空機の約30%を占め、旅客機の4倍以上の機数があることになります。

　また国有財産として記載されている自衛隊の保有航空機数は2024年3月31日現在で陸上自衛隊が314機、海上自衛隊が165機、航空自衛隊が447機の計926機で、陸上自衛隊はほぼ全機がヘリコプターであり、海上自衛隊は約90機、航空自衛隊は約50機がヘリコプターなので、その総数は約450機になって、自衛隊の全航空機の半分近くがヘリコプターなのです。こうした数を見るだけで、ヘリコプターが日本に欠くことのできない乗り物になっていることがわかるでしょう。

2024年11月　青木謙知

図解入門 How-nual

最新ヘリコプターがよ～くわかる本
CONTENTS

はじめに ……………………………………………………………… 3

第Ⅰ章　ヘリコプターの構造と役割 ……… 9

Ⅰ-1　ヘリコプターとは ………………………………………… 10
Ⅰ-2　ヘリコプターの基本構成 ………………………………… 12
Ⅰ-3　ヘリコプターのコンポーネント詳細 …………………… 14
Ⅰ-4　胴体の役割 ………………………………………………… 16
Ⅰ-5　胴体とテイルブーム ……………………………………… 18
Ⅰ-6　ヘリコプター用エンジン ………………………………… 20
Ⅰ-7　燃料タンク ………………………………………………… 22
Ⅰ-8　空気取り入れ口と排気口 ………………………………… 24
Ⅰ-9　メインローターとローター・ヘッド …………………… 26
Ⅰ-10　トランスミッション …………………………………… 28
Ⅰ-11　メインローターの回転機構 …………………………… 30
Ⅰ-12　S-70のブレードチップの進化 ………………………… 32
Ⅰ-13　テイルローター ………………………………………… 34
Ⅰ-14　特殊な反トルク機構(1) フェネストロン …………… 36
Ⅰ-15　特殊な反トルク機構(2) ノーター …………………… 38
Ⅰ-16　操縦席 …………………………………………………… 40
Ⅰ-17　各種のキャビン ………………………………………… 42
Ⅰ-18　単座ヘリコプター ……………………………………… 44
Ⅰ-19　縦列複座 ………………………………………………… 46
Ⅰ-20　カーゴフックとスリング ……………………………… 48
Ⅰ-21　降着装置 ………………………………………………… 50

CONTENTS

第Ⅱ章　ヘリコプターの飛行原理 ... 53

- Ⅱ-1　ヘリコプターはなぜ浮くか―翼型と揚力 ... 54
- Ⅱ-2　迎え角 ... 56
- Ⅱ-3　回転運動の特色 ... 58
- Ⅱ-4　不均衡揚力とコーニング ... 60
- Ⅱ-5　ダウンウォッシュと地面効果 ... 62
- Ⅱ-6　ヘリコプターの飛行操縦装置 ... 64
- Ⅱ-7　MD900のサイクリックとコレクティブ ... 66
- Ⅱ-8　飛行運動の基本―水平運動 ... 68
- Ⅱ-9　揚力の非対称 ... 70
- Ⅱ-10　ブレード失速と高速飛行 ... 72
- Ⅱ-11　飛行運動の基本―旋回 ... 74
- Ⅱ-12　飛行運動の基本―ホバリング(1) ... 76
- Ⅱ-13　飛行運動の基本―ホバリング(2) ... 78
- Ⅱ-14　飛行運動の基本―オートローテーション(1) ... 80
- Ⅱ-15　飛行運動の基本―オートローテーション(2) ... 82

第Ⅲ章　ヘリコプターの各種形態 ... 85

- Ⅲ-1　交差反転式ローター(1) ... 86
- Ⅲ-2　交差反転式ローター(2) ... 88
- Ⅲ-3　交差反転式ローター(3) ... 90
- Ⅲ-4　交差反転式ローター(4) ... 92
- Ⅲ-5　同軸二重反転式(1) ... 94
- Ⅲ-6　同軸二重反転式(2) ... 96
- Ⅲ-7　同軸二重反転式(3) ... 98
- Ⅲ-8　同軸二重反転式(4) ... 100
- Ⅲ-9　同軸二重反転式(5) ... 102
- Ⅲ-10　同軸二重反転式(6) ... 104
- Ⅲ-11　同軸二重反転式(7) ... 106
- Ⅲ-12　同軸二重反転式(8) ... 108

Ⅲ-13	同軸二重反転式 (9)	110
Ⅲ-14	タンデムローター形式 (1)	112
Ⅲ-15	タンデムローター形式 (2)	114
Ⅲ-16	タンデムローター形式 (3)	116
Ⅲ-17	並列双ローター形式	118
Ⅲ-18	ティルトローター (1)	120
Ⅲ-19	ティルトローター (2)	122
Ⅲ-20	ティルトローター (3)	124
Ⅲ-21	ティルトウイング	126
Ⅲ-22	チップジェット式	128
Ⅲ-23	コンパウンド（複合）ヘリコプター	130

第Ⅳ章　ヘリコプターの用途（民間） … 133

Ⅳ-1	物資輸送	134
Ⅳ-2	人員輸送	136
Ⅳ-3	薬剤散布	138
Ⅳ-4	救急医療業務 (EMS)	140
Ⅳ-5	沿岸・海洋警備	142
Ⅳ-6	消防	144
Ⅳ-7	警察	146
Ⅳ-8	地域防災	148
Ⅳ-9	パトロール	150
Ⅳ-10	報道	152
Ⅳ-11	遊覧・観光	154
Ⅳ-12	訓練	156

CONTENTS

第Ⅴ章　ヘリコプターの用途（防衛）　…159

- Ⅴ-1　戦闘・攻撃　160
- Ⅴ-2　対潜/対水上作戦　162
- Ⅴ-3　ヘリボーン　164
- Ⅴ-4　捜索・救難　166
- Ⅴ-5　特殊戦　168
- Ⅴ-6　機雷掃海　170
- Ⅴ-7　要人輸送　172
- Ⅴ-8　訓練　174

第Ⅵ章　世界の主要ヘリコプターメーカー　…177

- Ⅵ-1　アメリカ（1）　178
- Ⅵ-2　アメリカ（2）　180
- Ⅵ-3　アメリカ（3-1）　182
- Ⅵ-4　アメリカ（3-2）　184
- Ⅵ-5　アメリカ（4）　186
- Ⅵ-6　アメリカ（5-1）　188
- Ⅵ-7　アメリカ（5-2）　190
- Ⅵ-8　アメリカ（6-1）　192
- Ⅵ-9　アメリカ（6-2）　194
- Ⅵ-10　インド　196
- Ⅵ-11　韓国　198
- Ⅵ-12　国際共同（1-1）　200
- Ⅵ-13　国際共同（1-2）　202
- Ⅵ-14　国際共同（2-1）　204
- Ⅵ-15　国際共同（2-2）　206
- Ⅵ-16　国際共同（3）　208
- Ⅵ-17　中国（1）　210
- Ⅵ-18　中国（2-1）　212
- Ⅵ-19　中国（2-2）　214

Ⅵ-20	中国 (2-3)	216
Ⅵ-21	中国 (2-4)	218
Ⅵ-22	フランス	220
Ⅵ-23	ロシア (1-1)	222
Ⅵ-24	ロシア (1-2)	224
Ⅵ-25	日本 (1)	226
Ⅵ-26	日本 (2)	228
Ⅵ-27	日本 (3)	230

参考文献 ……………………………………………………… 232
索引 …………………………………………………………… 233

第 I 章

ヘリコプターの構造と役割

垂直に離着陸して空中を飛ぶ乗り物であるヘリコプター。
その機体を構成する各部や基本的なシステムとメカニズムを
説明します。

I-1 ヘリコプターとは

まず航空機のなかでヘリコプターはどのような位置づけにあり、また定義されているのかを理解してください。似て非なるものもあります。

ヘリコプターの定義

　ヘリコプターを定義すると、**航空法上の航空機でありエンジンにより駆動する1個以上の回転翼（ローター）により揚力と推進力を得て飛行するもの**、となります。飛行の特徴としては、垂直での離着陸や空中停止（ホバリング）といった、固定翼機にはない能力を有します。近年では「空飛ぶクルマ」などと呼ばれる飛行物も考案されていて、垂直離着陸やホバリングも可能にされるともいわれています。ただ、現時点では動力は電動モーターで、飛行の原理もヘリコプターとは異なることから、航空機とは認められていません。このため安全性の基準や飛行にかかわるルールなどは作られておらず、また操縦や整備の資格も定められていませんから、法的な整備は整っておらず、その点からも「ヘリコプターとは似て非なるもの」ということになります。こうしたことから本書では、空飛ぶクルマのようなものは取り上げないことにしました。ちなみに欧米では、電動モーターを使う空飛ぶクルマは一般的に「eVTOL」と呼んでいます。eは電気（electric）のことで、VTOLは垂直離着陸の略号です。

　もう1つ、ローターを使う乗り物としては、スポーツ航空で普及している「ジャイロプレーン（オートジャイロともいいます）」があります。ジャイロプレーンもヘリコプターと同様に回転翼で揚力を得ますが、基本的な推進力はエンジンが駆動するプロペラにより提供され、まずこれにより推進力を得たあと、前進により生じる空気力でローターを回転させ、その結果として生じた揚力で機体を浮き上がらせるというものです。このため実用的な乗り物にするには大きな制約が生じますし、もちろんホバリングもできず回転翼航空機にはなりえないものなので、このジャイロプレーンも本書では取り上げていません。

I-1 ヘリコプターとは

▼JAS4-1

アメリカのジョビー・エアロが製作したe-VTOL機のJAS4-1。民間登録記号はあるがまだ試作機扱いである（写真：アメリカ空軍）

▼カリダス09

ヘリコプターには似ているが飛行原理はまったく異なるオートジャイロ。写真はオートジャイロ・ヨーロッパのカリダス09（写真：Wikimedia Commons）

I-2 ヘリコプターの基本構成

中型の双発機ベル212/412を例に、ヘリコプターの基本構成を見ていきましょう。

ヘリコプターの大きさと機体構成

　ヘリコプターとひと口にいっても、その形状や大きさ、エンジンの数などは用途などによってまちまちで、多くのタイプが存在しています。現用中の機種で世界最大なのはロシアのミルMi-26"ハロ"で、メインローターは8枚のブレードを有し直径は32.00m、ローター回転時の全長は40.03mもあって、最大離陸重量は56,000kgです。一方もっとも小型といえるのがアメリカのロビンソンR22で、主ローターは2枚ブレード、直径は7.67m、ローター回転時全長8.76m、最大離陸重量は622kgです。Mi-26が全長では5.7倍、重量では90倍とかなり大きな開きがあって、同一カテゴリーの製品とは思えないほどの差ですが、どちらもヘリコプターであることに変わりはありません。

　ヘリコプターといわれて多くの人が思いつく形状は、胴体がありその上で大きなプロペラのようなものが回っていて、胴体からは後ろに向かって細長いブームが延び、その先端にまた別のプロペラのようなものがついている、といったようなものでしょうか。ヘリコプターでは、「プロペラのようなもの」は**ローター**といい、胴体の上にあるのはもっとも重要なローターなので、**メインローター**といいます。そして最後部のローターは、**テイルローター**です。

　ヘリコプターの機体の基本構成は右図に示したとおりで、ここでは代表的な双発中型機のベル212/412を例にとりました。中央の胴体は**胴体ポッド**ともいい、それにテイルブームが組み合わされているので、こうした機体構成は**ポッド・アンド・ブーム**と呼ばれます。

　テイルブームには垂直安定板や水平安定板がついている機種が少なくありませんが、固定翼機とは異なり、それらに飛行操縦用の翼面はついておらず、飛行中の安定性を高めることだけが目的です。また、テイルフィンと呼ばれる最高部にある上方に延びる安定板には、テイルローターがつけられています。

I-2 ヘリコプターの基本構成

ヘリコプターの基本構成（ベル412）

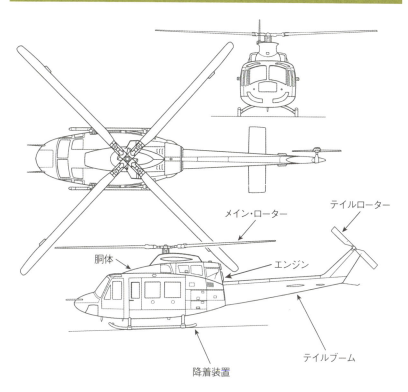

▼ヒューズ269C

きわめてシンプルなポッド・アンド・ブーム構成機のヒューズ269C。ブームは1本の細いバーだけである（写真：Wikimedia Commons）

I-3 ヘリコプターのコンポーネント詳細

小型の単発機ヒューズ530E（現MD530E）を例に、機体の構成品をもう少しくわしく見ていきます。

ヘリコプターの各コンポーネント

　ヘリコプターを構成する各コンポーネントを、もう少しくわしく見ていくことにします。ここで例示するのはタービン単発の小型ヘリコプターであるヒューズ（現MDヘリコプターズ）530Eです。

　MD530Eは小型機を代表する機種ですが、そのなかでも小型で胴体内は前列にパイロット用座席2席が横並びであり、その後ろに3座席があるという5座席機です。メインローターは5枚ブレード、機体構成はもちろんポッド・アンド・ブームで、多くのヘリコプターがエンジンを胴体の上に乗せていますが、MD530Eは最初から胴体最後部内に搭載しました。小型の機体をさらにコンパクトにまとめるための手法で、エンジンの位置が低くなるので整備性も高まるという利点があります。

　ヘリコプターの場合はもう1つ、その機種の最大離陸重量による操縦制限があります。これは、最大離陸重量が3,175kgを境に定められているもので、3,175kg以上では機種ごとに専用の操縦資格が必要になります。これが操縦資格の**型式限定**と呼ばれるものです。たとえば最大離陸重量5,080kgのベル212と3,585kgのエアバスEC145は、ともにタービン双発機ですが最大離陸重量が3,175kg以上ですので、それぞれの機種に限定された資格を取得する必要があり、両機種を操縦したいのであれば別々にライセンスを取る必要があります。

Ⅰ-3 ヘリコプターのコンポーネント詳細

MDヘリコプターズMD530Eの主要コンポーネント

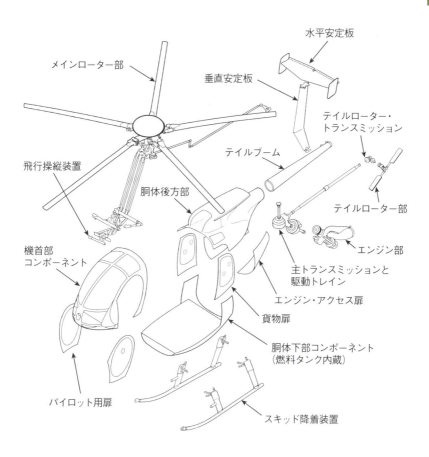

I-4 胴体の役割

ヘリコプターで人間が乗るスペースが設けられているのが胴体です。もちろん、貨物類も搭載できます。

胴体の構成と役割

　ヘリコプターの胴体は大きく2つの区画に分けられ、前方はパイロットが座る操縦席、その後ろが客席/貨物室になっています。客席は、目的に応じてさまざまな座席の装着が可能にされるのが一般的（Ⅰ-17参照）で、VIP向けの豪華な座席から数人がけのベンチシートまで用意されています。これらをすべて取り外せば胴体内の全スペースを貨物の搭載にあてることができますし、座席の数や配置次第では乗客と貨物の混載も可能です。多くのヘリコプターは貨物輸送に使用することも考慮に入れており、胴体には後方スライド式の大きな扉を有しています。これにより大きな開口部が得られ、大きな貨物の機内積み卸しが行えます。人員輸送専用機では、旅客機のような乗降扉を備えています。胴体最後部に左右開き式の扉を備えた機種もあり、こうした扉は**クラムシェル・ドア**といいます。

　前方のパイロット用座席は原則として取り外しはできず、機体の左右にそれぞれの席にアクセスする扉がついています。

　胴体の上にはエンジンが載せられ、さらにメインローターなどを結ぶ関連の駆動システムがついています。エンジンは、単一コンポーネントとしては大きくまた重いものですが、メインローターの駆動メカニズムの配置なども考えあわせると、距離が近いほうがそれだけシンプルになりますので、メインローターとほぼいっしょに、胴体の上に乗せられています。胴体の下側、すなわちキャビンの床下は通常、燃料タンクになっています。

　胴体の後方から長く延びるテイルブームは、テイルローターを取りつけるというのが唯一の役割ですので、複雑な構造やメカニズムはなく、多くの場合内部は空洞になっています。胴体にはまた、降着装置がついています。これについてはⅠ-21で記します。

I -4 胴体の役割

▼ベル412EPI

タービン双発の多用途機ベル412EPI。ベル204以来の伝統的な基本設計を受け継いでいる
(写真：Wikimedia Commons)

▼エアバスH135

エアバスH135の後部胴体のクラムシェル扉。ここからならば長尺物の積み卸しも容易に行える
(写真：Wikimedia Commons)

I-5 胴体とテイルブーム

胴体ポッドにテイルブームが組み合わされているのがポッド・アンド・ブームです。それぞれの構造や役割について解説します。

胴体ポッドとテイルブームの構成と役割

　ヘリコプターの**胴体ポッド**は、機体の大きさによって寸法や構造などはもちろん異なりますが、主要な構成品のほとんどがまとまってつけられているのはどの機種も同じです。それらの詳細はこのあと見ていきますが、操縦席やキャビンがあるのは当然のこととして、多くの機種でエンジンやその関連メカニズムは胴体の上に乗せられています。一方でキャビンの床面下は、ほぼ全体が燃料タンクのスペースにあてられています。降着装置にはいくつかのタイプがありますが、例外なく胴体下に装備されています。特殊な胴体形状としては、底部の船の船体のようにし、また水が入り込まないように密閉した、「水密艇体」型と呼ばれるものもありますが、今日ではほとんど見かけなくなりました。

　胴体から後方に延びる**テイルブーム**は、テイルローターなどの反トルク・システムをつけるためのもので、小さなテイルローターからでも大きな反トルク力を得るためにできるだけ長くして、てこの原理を活用しています。テイルブームの後端には上に延びるテイルフィンがあって、そこにテイルローターがつけられています。このフィンはまた、方向安定性の向上にも役立っています。テイルブームに、さらに安定性を高める目的で、水平安定板を備えている機種もあります。

　テイルブームの内部はほとんどの機種で空洞になっていますが、人員輸送を主用途にしたレオナルドAW139では最前方内部に手荷物スペースを設けてあります。容積は3.4m^{3}と比較的広く、扉も左右双方にあって、使い勝手を考慮した設計になっています。軍用のヘリコプターで海軍が艦載機として使用するものは、甲板の占有スペースを小さくするために途中で折り曲げる折りたたみ機構を有しているのが一般的で、この場合はメインローター・ブレードもあわせて折りたたまれます。

I -5　胴体とテイルブーム

▼CH-53Kの胴体ポッド

大型ヘリコプターであるシコルスキーCH-53K
キングスタリオンの胴体部
(写真：スピリット・エアロシステムズ)

▼レオナルドAW139

AW139のテイルブーム内に設けられてい
る手荷物スペース
(写真：ファイブリングス・エアロスペース)

▼レオナルドAW119

レオナルドAW119のテイルブーム。長く延びているだけで中はほとんど空洞である
(写真：レオナルド・ヘリコプターズ)

ヘリコプターの構造と役割

19

I-6 ヘリコプター用エンジン

ヘリコプター用のタービン・エンジンはターボシャフトと呼ばれ、固定翼プロペラ機のターボプロップとは構造が異なっています。

エンジンの種類と仕組み

　ヘリコプターのエンジンには固定翼機と同様に、**ピストン（レシプロ）エンジン**とジェット・エンジンの原理を活用した**ガスタービン・エンジン**の双方があり、後者では**ターボシャフト**と呼ばれるタイプが使われています。ターボシャフト・エンジンでは、タービンの回転運動の全エネルギー、すなわち100％を回転動力として取りだしています。そして、エンジンの圧縮機やタービン軸とは連結されていない**フリータービン**を備えていることにより、最終段階についているタービンの回転を独立させて安定した出力を得ることができるようになっています。またクラッチや変速機構を用いることでメインローターを回転させることを可能にしています。

　右はプラット＆ホイットニー・カナダPW206Eの構造図で、MDヘリコプターズMD902エクスプローラーに搭載されているものです。最大出力は410kWで、全長91.2m、直径50.0cm、乾重量107.5kgという寸度を有しています。ターボシャフトよりもターボプロップのほうがコンパクトに仕上げられることは確かで、ヘリコプターに向いているといえます。

　ターボシャフト・エンジンでユニークなタイプの1つが、プラット＆ホイットニー・カナダが開発したPT6T（アメリカ軍名称T400）です。ターボプロップ・エンジンであるPT6A-27のパワータービン2基分を1つにまとめて、減速機を介して単一の出力軸を駆動するようにしたものです。こうしたことからPT6Tは**ツインパックエンジン**とも呼ばれ、ターボシャフト単発機のように胴体の上にまとめて配置することができます。もちろん空気取り入れ口は2基分が左右に分けて配置されていて、排気口もひとまとめですが左右に分けられています。PT6Tは、出力を抑制した減格仕様で960kWの、最大では1,300kWの離陸時出力をだすことができます。

I-6 ヘリコプター用エンジン

ターボシャフト・エンジンの概要（プラット&ホイットニー・カナダPW206E）

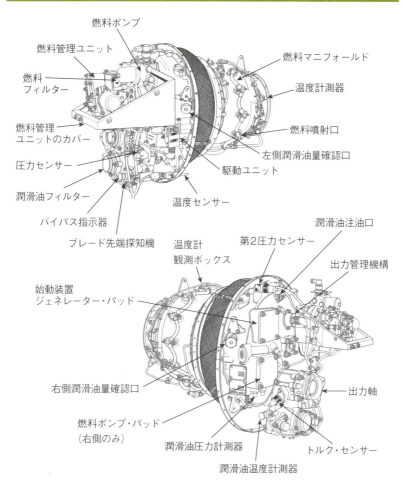

▼三菱TS1-M1-10

川崎OH-1が搭載する国産ターボシャフトの三菱TS1-M1-10
（写真：石原 肇）

I-7 燃料タンク

ヘリコプターは燃料タンクの配置に苦労する航空機で、多くの機種が胴体のキャビン床下にそのスペースを設けています。

燃料タンクの位置

　航空機が離陸してから着陸するまでの間に、大きく重量が変わるのが**燃料**です。空中に浮かんで飛行する航空機にとって重要なことの1つが適正なバランスが取れ続けていることなので、重量の変化は大敵です。航空機では、重量の中心となる重心の位置についてあるべき範囲を定めていて、常にその範囲内にあることが求められます。従って、飛行中に重量が変化する燃料の置き場所は、重心位置の範囲内にある機体自体の中心付近が最適となります。

　固定翼機では、主翼が機体のほぼ中央に取りつけられますので、その内部を**タンク**にするのが最適で飛行中に燃料が減って重量が変わっても重心位置の範囲に大きな影響はおよぼしません。一方、ヘリコプターは回転翼機ですから、同じ理屈をあてはめるとメインローター・ブレード内が適した場所となりますが、メインローター・ブレードはその役目から非常に細身でまたきわめて薄い設計になりますので、大きな内容積を確保することができません。また常に高速で回転させなくてはならないため、燃料を入れて重くすることはできませんし、内容量が変化を続けるのと常時必要な回転数に制御するのも至難の業です。そこでヘリコプターは多くの機種で、胴体のキャビン床下のスペースを燃料タンクにあてています。このためどうしても容積に制約が生じ、一般的には機体規模に比べて燃料搭載量が少なくなります。シコルスキーS-65（H-53）スタリオン／S-80（H-53E）スーパースタリオン／S-95（H-53K）キングスタリオンやS-92（H-93）のような大型機では、主脚を収納するスポンソン内を燃料タンクにしていますし、シコルスキーS-70（H-60）のように機外に増槽を装着できるものもありますが、これらは例外的な存在です。

I-7 燃料タンク

▼ベル427

小型タービン双発機のベル427。キャビン床下に燃料タンクがあり、できるだけ容積を確保するよう厚い設計になっている（写真：ジェミナイ・ウイングス）

▼レオナルドAW101

▼アエロスパシアルAS365ドーファン2

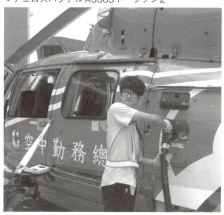

アエロスパシアルAS365ドーファン2の燃料給油口。エンジンのすぐ下にある（写真：台湾内政部空勤務隊）

レオナルドAW101の燃料給油口。左舷キャビン扉の前方下で、加圧給油口である（写真：青木謙知）

ヘリコプターの構造と役割

I-8 空気取り入れ口と排気口

エンジンの前に空気取り入れ口、後ろの排気口があるのはどの航空機も同じですが、ヘリコプターでは独自の工夫も必要です。

空気取り入れ口と排気口の役割

　垂直に離着陸できるヘリコプターは固定翼機とは異なり、一定の幅と、時には数kmにもおよぶ長さの滑走路を必要とはしません。極端にいえば、その機体が収まるスペースさえあれば、そこからの運用が可能です。このため発着場所にまったく制約をもたせずに、さまざまな用途に使用できるよう設計されている機種も少なくありません。ただそれを可能にするには、いくつかの特別な装備が必要になります。その好例が、エンジンが空気を吸入する**取り入れ口**につける**フィルター**で、未舗装地などからの離着陸に際してエンジンが塵や埃などの異物を吸入するのを防ぎます。

　エンジン排気口は高温の排気ガスを噴出し、ヘリコプター（特に軍用ヘリコプター）ではその低温下はきわめて重要です。そのためのもっとも複雑な機構をもった機種の1つが、武装ヘリコプターのボーイングAH-64アパッチです。この排気口は**ブラックホール**と呼ばれ、構造的には、一次排気口と3つの二次排気口、2つのアッセンブリーで構成されていて、一次排気口はエンジンの排気フレーム上に取りつけられており、排気ガスを二次排気口に送り込む役割を果たします。エンジンが運転している間、排気ガスは一次排気口の抽出作動により作りだされる低圧域によって、トランスミッション部からでてくる空気により冷却されます。この一次排気口と二次排気口は、冷却空気と高温排気が3つの二次排気口で混ぜ合わされる結果、放出される排気ガスの温度が大きく下がるという仕組みになっているのです。ここまで徹底したものでなくても、ほとんどのヘリコプターは排気口をメインローターの下に配置していますので、メインローターが発する強いダウンウォッシュが排気をかき混ぜることで熱を冷ましています。

I-8 空気取り入れ口と排気口

▼空気取り入れ口

ミル Mi-24 "ハインド D" の空気取り入れ口。開口部は蓋で覆われ、また内部には目の細かい防塵フィルターがつけられている（写真：Wikimedia Commons）

▼ブラックホール排気口

複雑な機構で排気の温度を低下させている AH-64D のブラックホール
（写真：Wikimedia Commons）

I-9 メインローターと ローター・ヘッド

揚力を発生するメインローターのブレードの取りつけがローターハブで、頂上のローター・ヘッドに収められています。

固定翼機と回転翼機の違い

　通常の航空機は胴体のほぼ中央に、左右に延びる主翼を有しています。そして、大気中を高速で移動することにより主翼が作りだす揚力によって機体を浮かび上がらせて飛行しています。ヘリコプターでは、胴体の上で高速回転するメインローターが主翼に代わって揚力を生みだします。このことから通常の航空機を、主翼ががっちりと胴体についているので**固定翼機**といい、ヘリコプターはその主翼代わりのものが回転することから**回転翼機**といいます。

　ヘリコプターのメインローターは複数のブレードを有していて、それらをひとまとめにするとともに回転させ、さらに個々のブレードをいくつかの方向に作動させるメカニズムを組み込んでいるのが**メインローター・ヘッド**です。メインローター・ハブとも呼ばれるこの部分は、メインローター・ブレードからの揚力が作用する場所でもあり、メインの駆動軸に接続されていて、**スワッシュプレート**や飛行制御機構などのコンポーネントを有しています。スワッシュプレートとは、操縦装置からの操作入力をメインローターブレードの動きに変換する機構で、このうち回転スワッシュプレートはピッチリンクに接続されています。これによりメインローターは、サイクリック操縦桿により機体の操縦制御が可能となって、機体の上下（ピッチ）と横転（ロール）の3軸で飛行の制御を行います。

　左右（ヨー）軸の操縦は通常のヘリコプターではテイルロータで行い、機体にはそのための操作ペダルがついています。従来は3軸それぞれの制御機構にそれぞれの作動を受けもつ作動機構がありました。近年では、スワッシュプレート全体をまとめて動かす**サイクリック/コレクティブピッチ・ミキシング(CCPM)** と呼ぶ機構が用いられるようになっています。CCPMは、システムの簡素化に加えて、作動機構の小型・軽量化を実現しています。

I-9 メインローターとローター・ヘッド

メインローターマストとローター・ヘッドの一例

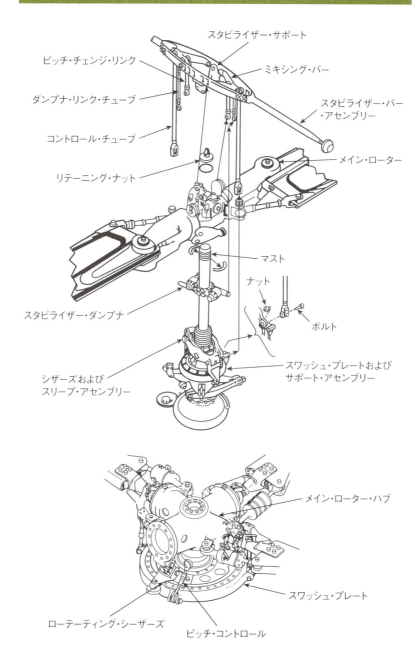

I-10 トランスミッション

きわめて高いエンジンの回転数をローターに適した回転に減速するのがトランスミッションで、テイルローターの駆動も行います。

トランスミッションの役割

　ヘリコプターの**トランスミッション**は、エンジンの出力をメインローターやテイルローターアクセサリー（補機）に伝達するもので、メインロータートランスミッションは、エンジンの回転数を必要なローター回転数に変換します。通常はエンジン回転数のほうがはるかに多いのでトランスミッションによって減速することになります。多くの場合、エンジンは水平にして機体に取りつけられるので、メインローター・トランスミッションにより横向きの回転軸の動きが垂直方向に変更され、これもこのトランスミッションの重要な役割です。テイルローター駆動システムは、メインローターの回転数に連動して必要な回転数でテイルローターを回す機構です。

　固定翼のプロペラ機では、エンジンとプロペラは常時接続されていますが、ヘリコプターはメインローターがかなり大きく重いため、始動時などいくつかの場面でエンジンに大きな負荷をかけてしまいます。このためヘリコプターでは必要に応じて両者を切り離せるよう**クラッチ**が設けられています。このクラッチは内側クラッチと外側クラッチから成り、回転数が増えると遠心力により内側クラッチが外側クラッチと接触するようになって、十分に接続されると回転が完全に伝わるようになります。回転数を減らせば接触の度合いが減って、回転が分離します。パイロットがレバーなどの操作装置を動かすことによって、回転軸の摩擦板の切断/接続を行います。トランスミッション・ユニットでもう1つ重要なのが**フリーホイール・ユニット**で、エンジンを停止あるいは規定回転数以下まで低下させたときに、ローター機構をエンジンから切り離す役目を果たします。これによりヘリコプターは、エンジンが停止してもローター・システムを回転させ続けることが可能となって、**オートローテーション**と呼ぶ緊急着陸操作が可能になります（詳細はⅡ-14〜15を参照）。

トランスミッションとギア・トレイン

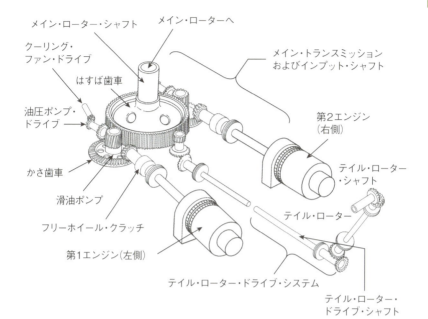

テイル-ローターの操縦メカニズム

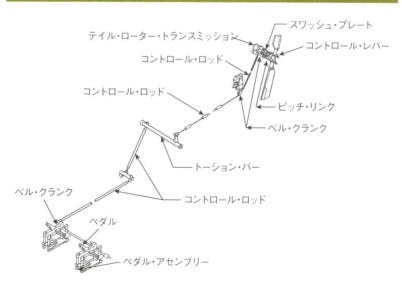

I-11 メインローターの回転機構

メインローターヘッドの機構は、その機種の特徴に応じていくつかの種類があり、それらを見ていきます。

ブレードの取りつけ方法

　メインローターには、いくつかのブレードの取りつけ方法があります。メインローター・ブレードは通常、揚力や振動を吸収する目的でユニバーサル・ジョイントを介してローターヘッドに取りつけられています。これにより多くの機種で上下（フラッピング）方向で±5度、前後（リードラグ）方向に±1.5度程度の範囲でブレードが動くようにされています。代表的なブレードの取りつけ方法には、次のものがあります。

◇**固定翼型**：ローターブレード、ハブ、マストは互いに固定されていて、ブレードはフェザリング（回転停止）はできるものの、フラッピングとドラッギングはできません。

◇**シーソーローター・システム**：2枚ブレードのメインローターに用いられているもので、1つにつながれた2枚のブレードがシーソー運動を自然に行うことで、ブレードを動かす複雑な機構などが不要になっています。

◇**全関節型**：ブレードヒンジ周りで上下方向に自由に動かせるようにするとともに、回転面に対してはドラグヒンジ周りで自由に動くようにしたタイプで、付け根部に過大な負荷がかからないようになります。機構は複雑ですが、大型化やブレード枚数の増加への対応が容易です。

◇**半関節型**：ブレードはハブに対してしっかりと結合されているものの、ハブ自体が回転軸に対して自由に傾斜できるようにされているものです。

◇**無関節型**：ブレードにフェザリング用以外のヒンジを備えないもので、構造が簡素になるとともに信頼性や操縦性、安定性も向上しています。特に複合材料製のブレードが普及したことで、付け根部の剛性を高められるようになり、その弾性変形でフラッピングとドラッギングを可能にしています。

I-11 メインローターの回転機構

メインローター・システムの種類

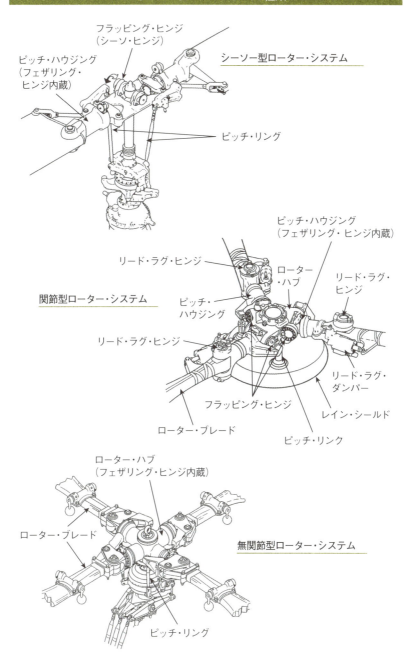

I-12 S-70の ブレードチップの進化

航空機は生産期間中に改良が加えられ形状にも変化がでます。S-70のブレードチップを例にそれを見ていくことにします。

■ メインローター・ブレードの先端（チップ）の形状

　どのような航空機でも生産が長期にわたれば機体の各部に改良が加えられて、能力や性能の向上、用途範囲の拡大が行われていきます。これはもちろん、ヘリコプターでも例外ではありません。ここでは、シコルスキーS-70（H-60）のメインローター・ブレードの先端（チップ）に焦点を当ててその変化を右ページの写真で見ていくことにします。H-60には多くの派生型があり、また導入国で独自に改良を加えているものもありますので、ここに取り上げたものがすべてではないことをお断りしておきます。

●上：初期のH-60の共通したブレードチップ。高速回転時に生じる抵抗の影響を減らすために後退角がつけられています。

●中左：オーストラリア陸軍機のチップ。先端部の幅を広げてイギリスのBERP（P.69参照）に近いものになっており、高速飛行時の安定性向上などを狙っています。オーストラリア陸軍ではこのブレードを装備したタイプをUH-60Mと呼んでいますが、後述するアメリカ陸軍の最新型であるUH-60Mとは無関係です。

●中右：左海上自衛隊の艦載型SH-60の最新型三菱SH-60Lのチップ。一度上に曲げたあとに、大きく下げるという独特の形状で、三菱重工業がSH-60Jの独自改良型SH-60Kの開発にあたって設計したものです。ホバリング時の機体の安定性向上などを狙ったもので、SH-60Lでもそのまま導入されました。

●下：アメリカ陸軍の汎用輸送が単最新タイプであるUH-60Mブラックホーク。ブレードの弦長を増やして幅広にするとともにチップを大きく下げることで、こちらもホバリング時の安定性向上を実現しています。加えてグラスコクピットの導入など、各種システムのデジタル化も行われました。

I -12 S-70のブレードチップの進化

▼S-70（H-60）のメインローター・ブレードの先端（チップ）

（写真：アメリカ陸軍）

（写真：青木謙知）

（写真：山田 進）

（写真：アメリカ陸軍）

I-13 テイルローター

基本的な役割はトルク力の打ち消しですが、ほかの役目を果たすテイルローターもあります。

■ テイルローターの役割

　胴体の上でメインローターが回転することで、胴体にはそれと反対の方向に回転しようとする力がかかります。これが**トルク力**と呼ばれるもので、メインロータが右回転すると、胴体はなにもしなくても、同じように反対の左回転を行って均衡を取ります。しかし、胴体がグルグル回転してしまっては操縦ができませんから、トルク力と反対方向に作用する**反トルク力**を作りだして胴体の回転を止めることになります。この役割を果たすのがテイルローターで、トルク力と反トルク力のバランスが取れているときは、胴体は正面を向いて静止します。バランスを崩すと胴体は右または左の力の強いほうを向きますので、ヘリコプターではこの反トルク力の調節によって方向操縦（ヨー操縦）を行っています。

　多くのヘリコプターは、長いテイルブームを有してその最後部にテイルローターを取りつけています。これは、てこの原理を活用して、テイルローターをできるだけ小型にするための設計です。テイルローターの回転部を力点、機体の中心部を支点、機首部を作用点とすると、力点から支点までの距離が長ければ、作用点を動かすのに必要な力は小さくてすむのです。

　メインローターに比べてテイルローターが圧倒的に小さいのは、てこの原理をフルに活用しているからでもあります。テイルローターの反トルク力には、推進式と牽引式の2種類があります。推進式は右回転のローターが生みだす左回りの反トルク力に対して、テイルローターの力を右向きにして"押す"ことでトルク力を打ち消すもので、牽引式は逆に左方向の"引っぱる"力で反トルク機能を果たします。テイルローターの駆動はもちろんエンジンにより行われ、エンジン・ギアボックスに駆動シャフトが組み入れられていて、メインローターといっしょに回転します。

Ⅰ-13　テイルローター

▼AS355F1エキュルイユ2

テイルローターは中型機まではシンプルなものが多く、写真のタービン双発のAS355F1エキュルイユ2も2枚ブレードである（写真・ビクトリア・ヘリコプターズ）

▼MH-53E

テイルフィン頂部に大きく傾けて取りつけられているMH-53Eのテイルローター。反トルク機能に加えて機体後部での揚力発生の役割も果たしている（写真：青木謙知）

35

I-14 特殊な反トルク機構 （1）フェネストロン

換気扇のようにも見えるフェネストロンは、テイルローターの危険性を排除した画期的な反トルク・システムです。

■ フェネストロンの開発経緯とメリット

　パイロットから遠く離れた機体後方で回転するテイルローターは、いくつもの危険性をはらんでいます。たとえば着陸時に高度を下げたとき、それが木やフェンス、電線などにわずかに触れただけで破損し、その結果方向制御が失われて墜落に至るという事例は多数発生しています。それを回避するためにテイルローターに環状のガードをつけるなどの研究が行われましたが、より確実でまた実用的であったのが、フランスのアエロスパシアル（現エアバス・ヘリコプターズ）が1960年代中期に開発した**フェネストロン**です。テイルフィンを大型化するとともに厚みを増し、その中にブレードをもつ回転ファンを組み込むという設計で、テイルフィンの大きな換気扇をつけたようなものです。フェネストロンはまず大型機のSA330ピューマを改造して開発や飛行試験が行われ、1968年4月12日にはSA340タービン単発試作機に組み込まれました。その量産型がSA341/342ガゼルで、フェネストロンを使用した初の実用機です。フェネストロンは、通常のテイルローターに比べると機構は複雑で、またシステム重量も重くなりましたが、テイルローターの危険性を確実に取り除くことができたことはきわめて高く評価されました。加えて巡航飛行時に必要とされる出力が少なくなるため、駆動メカニズムへの負荷が少ないことも実証されました。ブレードが覆われているため騒音や振動も低下しています。

　アエロスパシアルはフェネストロンで特許を取得しましたが、1980年代末の特許期限時に更新の申請を行わなかったことで、今日では各メーカーがこの方式を自由に使えるようになり、日本でも三菱重工業が民間の双発機MH-2000（1996年7月29日初飛行、7機製造）と川崎重工業の陸上自衛隊向けOH-1（1996年8月6日初飛行、試作機含み38機製造）が同様の反トルク・システムを備えました。

Ⅰ-14 特殊な反トルク機構（1）フェネストロン

▼アエロスパシアル SA330Z

フェネストロンの開発に用いられた SA330 ピューマの改造機 SA330Z
（写真：アエロスパシアル）

▼川崎 OH-1

フェネストロンと同様の機構による川崎 OH-1 の反トルク・システム
（写真：石原 肇）

Ⅰ ヘリコプターの構造と役割

37

I-15 特殊な反トルク機構 (2) ノーター

圧縮空気でトルク力を打ち消すのがノーターですが、大型機に使用できるメカニズムではありませんでした。

ノーターの開発経緯とメリット

　回転するブレードを使わない反トルク・システムが、ヒューズ・ヘリコプター（現MDヘリコプターズ）が1975年に開発した**ノーター（NOTAR）**です。NOTARは、テイルローターなし（NO Tail Rotor）から作られた新造語で、機体上部のメインローターシャフトの後ろにある空気取り入れ口から低圧の空気を吸い込んで、テイルブームにある可変ピッチファンが内部の空気をほぼ一定の圧力に加圧します。この空気は、コアンダ効果と呼ばれる現象によりテイルブームの内壁に沿って流れ、右テイルブーム側面にある2つの放出口から空気流を噴出しては必要な反トルク力を提供し、また機体の方向制御にも使われます。2つの放出口は70度と140度の位置にあり、可動式のスラスターと呼ばれる機構により、噴出された空気がメインローターのダウンウォッシュと混合されます。このスラスターの角度は、テイルローターと同様に、パイロットの方向操縦ペダルの操作で変えられます。

　ノーターの開発は、アメリカ陸軍から貸与されたOH-6カイユースを改造して開始されました。ただこの初期の試験では、機能などは期待されたレベルに達しませんでした。そこで設計を大幅に見直し、またフェンスなどを追加した改良型を製作して、1985年に満足のいく成功を収めました。さらにそれを完成形へと進めて、1989年12月29日にノーターを装備した量産機MD530Nを初飛行させました。MDヘリコプターズは双発機への導入へと進めることとして最大離陸重量2.8tのMD900エクスプローラーを開発し、1992年12月18日に初飛行させました。回転を続けるテイルローターがないことで、噴出空気に注意を払う必要はありますが、地上でエンジンを運転中であってもはるかに安全に、機内への積み卸し作業などを行うことが可能になります。この利点が買われて、日本ではドクターヘリにも使われています。

I-15 特殊な反トルク機構（2）ノーター

ノーター・システムの機構

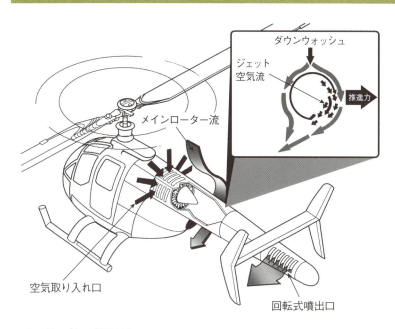

▼MDヘリコプターズMD900

ノーター反トルク・システムを備えたMDヘリコプターズMD900（写真：Wikimedia Commons）

I-16 操縦席

ほとんどのヘリコプターの操縦席は並列複座で、どちらの席からも完全な操縦が可能です。

操縦席の配置

　ヘリコプターの多くは胴体の最前方に**操縦席**があって、2人のパイロットが横並びで着席する並列配置を採っています。航空機の運用規則は船舶に範を採って作られていますので、通常の航路では右側通行となっており、このため操縦士（パイロット）は左席に座ります。ヘリコプターも航空機ですので、同じ通行ルールが適用されていますから当然左が操縦士席のはずですが、ヘリコプターでは操縦士は右席に座るようにされています。その理由の1つは機体の操縦を行う**サイクリック操縦桿**の操作にあります。離着陸やホバリング時に固定翼機よりも細かくかつ連続した操作が必要なヘリコプターでは、パイロットがサイクリック操縦桿から手を離すことはほとんどなく、また人類の90％程度が右利きなのでそうした作業は右手で行うほうが楽です。さらに初期のパイロットの多くが訓練で使用した機種は操作に大きな力を要し、サイクリック操縦桿を右手で操作するように設計され、操縦桿自体は2人のパイロットそれぞれの両足の間に配置されていましたが、必然的に主たる操縦者が右席に座ることになったのです。

　ヘリコプターの操縦装置にはもう1つ、エンジンの出力などを調節する**コレクティブレバー**がありますが、コレクティブレバーはサイクリック操縦桿ほどは厳密に監視・操作する必要がなく、摩擦調整で安定させることができるため、パイロットは操作の必要がなければ手を離すことができます。

　最近のヘリコプターの大半は、各座席でコレクティブ操作装置が左側に配置されるようになっていて、左席のパイロットはサイクリック操縦桿を握る右手を離すことになり、一方で右側に座るパイロットがコレクティブ操作装置を左手で操ることで、サイクリック操縦桿は右手で操作し続けており、ヘリコプターは、「右席に操縦士が座る」という原則が維持されているのです。

I-16 操縦席

▼レオナルドAW189の操縦席

レオナルドAW189の電子飛行計器システム。固定翼機用とは異なるヘリコプター用の表示フォーマットが用意されている（写真：レオナルド・ヘリコプターズ）

▼アスペンの電子飛行計器を備えたロビンソンR22

オプションでロビンソンR22に導入できるアスペン電子飛行計器システム（写真：アルファーアビエィション）

I-17 各種のキャビン

キャビンは用途に応じてさまざまな仕様に変更でき、搭載できる医療機器も充実化が進んでいます。

代表的なキャビンの種類

　ヘリコプターの**キャビン**はその用途によってさまざまに表情を変化させます。ここでは、代表的な3種類を紹介します。

▼ベル214の標準的な機内

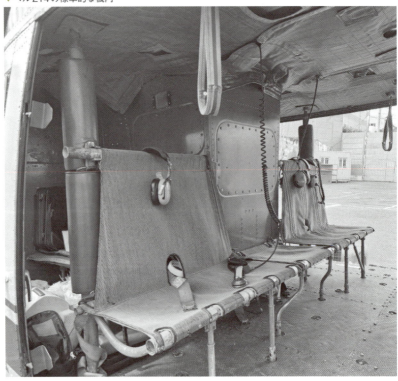

物資輸送仕様のベル214。簡素なキャンバス座席があるだけで、これすらも取り払って完全な貨物搭載仕様にすることもある（写真：エイジアン・スカイ・グループ）

I-17 各種のキャビン

▼要人輸送仕様のシコルスキーS-76C＋

高級ヘリコプターの1つであるシコルスキーS-76C＋。この内装はエグゼクティブ仕様のなかでもゴージャスなものといえよう（写真：シコルスキー）

▼エアバスH-160のEMS機内

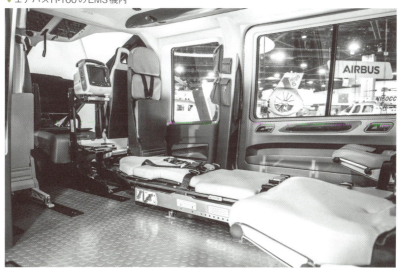

エアバスH-160の救急医療業務（EMS）仕様の機内。寝台が中央に1床あってその左右に医療看護士が配置され、またパイロット席の後ろには医師の席が設けられている
（写真：エアバス・ヘリコプターズ）

I-18 単座ヘリコプター

最初のヘリコプターは1人乗りでしたが、実用機ではきわめて希で、今日では作られていません。

■ 単座機の開発経緯とその後

　世界最初の実用的ヘリコプターとして記録されているヴォート-シコルスキーVS-300は、1939年9月14日にケーブルにつながれた係留状態で初浮揚し、1940年5月13日に最初の自由飛行を行いました。ロシア人のイゴール・シコルスキー（1913年にアメリカに亡命し1923年にシコルスキー・エアクラフト社を設立）が製作したVS-300は研究試作機で量産には至りませんでしたが、ヘリコプターという空飛ぶ機械に潜在的な実用性があることをはっきりと示しました。VS-300は鋼管骨組みのテイルブームの前にエンジンや操縦席を収めた胴体を取りつけた構成で、操縦席にはキャノピーなどの覆いはなく、1人のパイロットが頭部を胴体からだして座る設計になっていました。このように世界初の実用的なヘリコプターは単座機でしたが、アメリカ陸軍から発注を受けて設計を大幅に変更されたVS-316（軍用名称R-4）やそのパワーアップ型のR-6では、パイロットは2人になり、横に並んで座る並列複座設計が取り入れられました。

　VS-300以降、単座の実用ヘリコプターはしばらく出現しませんでしたが、1982年6月17日に旧ソ連で、カモフKa-50"ホーカム"が初飛行しました。固定翼戦闘機と同様に空対空戦闘を可能にすることを目指したもので、西側には類のない独特のものであり、大きな脅威になると考えられていたものです。しかし実際は実用性に乏しく、Ka-50の生産は20機弱にとどまりました。同発展型のKa-52アリゲートール（"ホーカムB"）は、並列複座配置に変更されました。Ka-52は攻撃ヘリコプターが主用途で、今も続いているロシア・ウクライナ戦争にも投入されています。アメリカには、1991年12月23日に初飛行したカマンK-1200 K-MAXという単座機があります。小型機ながら胴体下に2.7tの貨物を吊り下げる能力をもった"力もち"ヘリコプターです。

I-18 単座ヘリコプター

▼ヴォート-シコルスキーVS-300

イゴール・シコルスキーが設計して1939年9月14日に初飛行し、アメリカ最初のヘリコプターとなったヴォート-シコルスキーVS-300は1人乗り機であった

▼カモフKa-50"ホーカム"

旧ソ連が開発した単座の戦闘ヘリコプター、カモフKa-50"ホーカム"。複雑な攻撃システムの1人での運用は難しく製造は20機弱にとどまった（写真：Wikimedia Commons）

I-19 縦列複座

武装攻撃ヘリコプターでは縦列複座形式が常識となっていて、限定的にはなりますが多くの場合、射撃手席からの操縦も可能です。

縦列複座のメリット

　２人の乗員が前後方向に並んで座る方式を**縦列（タンデム）複座**といい、攻撃ヘリコプターではよく見られる配置です。通常は前席に副操縦士兼射撃手が、後席にパイロットが搭乗します。前席が射撃手なのは、攻撃目標が地上にある場合が多く、より正確な照準が行えるためです。一方パイロット席は前席よりも一段高く配置されていて、前方はもちろん、側方も含めた良好な全周視野が得られるようにされています。

　実用機で最初にタンデム複座構成を採ったのは、１９６０年代のベトナム戦争時にアメリカ陸軍の要求に応じてベルが開発したＡＨ-１ヒューイコブラです。生存性を高める目的でギリギリまで胴体を細くする目的で用いられたのが、タンデム複座形式でした。その結果ＡＨ-１の胴体幅は、わずか９１.４ｃｍになっています。こうした細身の胴体、タンデム複座で一段高い後席にパイロット、最前部の前席に射撃手が乗り組むというのが今日まで、武装ヘリコプターの標準形式になっています。もちろん例外もあって、１９８０年代中期にフランスと西ドイツ（当時）が共同で開発を始めたユーロコプター・ティーガー/ティグール（現エアバス・ヘリコプターＥＣ６６５タイガー）は前席にパイロット、一段高い後席に射撃手と、逆の乗員配置を採っています。パイロットが前方に搭乗したほうが操縦しやすく、特にこの種の機種が行う超低空を飛ぶ匍匐飛行時に安全性が高まる、見晴らしのよい後席のほうが目標の発見を行いやすいなどがこの配置を採った理由と説明されています。ただこれに賛同するメーカーはでていません。もう１つ、日本の川崎重工業が陸上自衛隊向けに開発した観測・索敵ヘリコプターのＯＨ-１も、前席にパイロット、後席に観測員という乗員配置を採用しています。やはりパイロットが前方に座ったほうが、特に前方の視野にすぐれて、操縦がしやすいというのが大きな理由です。

Ⅰ-19 縦列複座

▼ベル AH-1G

初のタンデム複座攻撃ヘリコプターで前席を射撃手、後席をパイロットという基本を作り上げたベル AH-1G（写真：アメリカ陸軍）

▼ユーロコプター EC665 タイガー

従来の方式に反して後席に射撃手、前席にパイロットという配置を取ったユーロコプター EC665 タイガー（写真：エアバス・ヘリコプターズ）

Ⅰ ヘリコプターの構造と役割

I-20 カーゴフックと スリング

胴体下に装備されているカーゴフックにより物資を機外に吊り下げて飛行できるのも、ヘリコプターの大きな利点の1つです。

カーゴフックのメリット

　固定翼機にはないヘリコプターの機能の1つが、機外に物資を吊り下げて空輸できる能力です。離陸の前に空輸する物資をしっかりとまとめるなり固定するなどして、それを胴体下面にある**カーゴフック**と呼ぶフックに引っかけます。ヘリコプターが離陸するとフックにつけられた吊り下げワイヤが引っぱられて物資を引き上げます。これを**スリング**輸送といいますが、機外に吊り下げることで機内には収容できない大きな物体を運ぶことが可能となり、山岳地での建設支援輸送などで重宝しています。

　カーゴフックの数は多くのヘリコプターは1機につき1個を有しますが、アメリカのボーイングCH-47チヌークは3個を有していて、2カ所を使って1つの大きな貨物を吊り下げたり、3個のフックを別々に使って3つの貨物を同時に吊り下げることも可能になっています。スリング輸送では通常、大きな物体を機外に吊り下げるので抵抗が大きくなりますから、速度性能や航続力は低下します。

　世界最大のヘリコプターであるロシアのミルMi-26"ハロ"は、カーゴフックは1つですが、20tものカーゴフック容量があって、これは最大離陸重量の約35％に相当します。アメリカの超大型輸送ヘリコプターシコルスキーCH-53Kキングスタリオンは3つのカーゴフックがあって、中央のみの使用では最大吊り下げ重量が約16t、前後の2カ所の同時使用では約11tの容量があります。中央のみの11tという容量は、機外吊り下げ時最大離陸重量約40tの28％です。このCH-53Kは2024年4月に2カ所のカーゴフックを使ってロッキード・マーチンF-35CライトニングIIの吊り下げ空輸試験に成功しました。しかもその飛行の間に空中給油を受けており、必要があればこうした方式での戦闘機の長距離空輸能力を実証したのです。

I-20 カーゴフックとスリング

▼スリング空輸

胴体下のカーゴフックに吊り下げ（スリング）空輸物の装着を終えたアメリカ陸軍のUH-60A（写真：アメリカ陸軍）

▼F-35Cを下げたCH-53K

カーゴフックでF-35CライトニングⅡ戦闘機を吊り下げて飛行するシコルスキーCH-53K。戦闘機を別の基地に移動させる1つの手法となることを証明した（写真：アメリカ海軍）

I-21 降着装置

ヘリコプターの降着装置は大きく分けて、スキッド式と車輪式の2種類があります。これらは用途に応じて適・不適があります。

■ スキッド式と車輪式のメリット・デメリット

　ヘリコプターの主たる**降着装置**は胴体下部につけられていて、**スキッド（ソリ）式**と**車輪式**の2タイプがあります。スキッドは通常、前後方向に延びる細い2本の棒が支柱を介して胴体につけられていて、これらだけで地上では機体全体を支えます。スキッド方式の大きな特徴は、地上が軟弱面などの不整地でも離着陸できることで、汎用性が高まります。また固定式で胴体に単純に取りつけるだけなので、機構面はきわめて簡素です。一方で飛行中には一定の空気抵抗を生みだし、飛行性能を低下させることになります。

　近年では車輪式の機種が増えていて、多くが機首にある前脚と胴体の主脚の組み合わせで、ともに引き込み式になっています。車輪式の最大の利点は、引き込み脚にして飛行中の空気抵抗を減らし、高速化や航続距離の延伸を可能にできることです。問題点としては複雑な機構が組み込まれることで機体価格が高額になり、また整備の手間が増えることなどが挙げられます。このため軍用の車輪式ヘリコプター（特に武装ヘリコプター）では、引き込み脚は使わずに固定脚とするのが一般的です。また固定脚機では、前脚は備えずにテイルブーム最後端に尾輪をつけて3点姿勢にするものが多くなっています。

　ヘリコプターの飛行場やヘリコプターの運用は、基本的には固定翼機と同じです。駐機場所から滑走路（あるいは離陸場所）に移動して発進し、到着時には着陸場所から指定された位置に移ります。この飛行場内の移動を**タキシング（またはタクシー）**というのも固定翼機と同じで、車輪式ヘリコプターは誘導路を使用して移動します。スキッド式の機体は地上を走行することはできませんので、まずわずかに浮かんで、それから誘導路上を低空飛行で移動して離陸場所に到達します。こうしたタキシングは、**エアタクシー**と呼ばれます。

Ⅰ-21 降着装置

▼ハイスキッドのベル206L-3

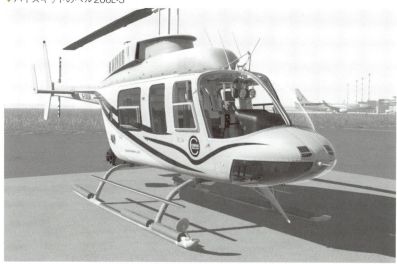

荒れ地などへの着陸時に胴体下面が傷つかないよう高いスキッドを装着したハイスキッド仕様のベル206L-3（写真：コウワン）

▼固定脚尾輪式のボーイングAH-64Dアパッチ・ロングボウ

車輪式降着装置だが引き込み式ではないボーイングAH-64Dアパッチ・ロングボウ（写真：アメリカ陸軍）

51

memo

第 II 章

ヘリコプターの飛行原理

ヘリコプターはなぜ滑走をせずに浮かび上がれるのか、どのような理屈で飛行操縦されるのか、ヘリコプターの飛行における利点と問題点などを解き明かしていきます。

II-1 ヘリコプターはなぜ浮くか ── 翼型と揚力

ヘリコプターのメインローター・ブレードと固定翼機の主翼は、同じ理屈で揚力を発生します。

翼型の揚力発生の仕組み

　通常の航空機（固定翼機）は主翼が発生する**揚力**により浮かび上がります。もちろん主翼は揚力が発生するように設計されていて、それに適した断面を有しています。そうした断面を**翼型**といい、航空機に求められる性能や特性にあわせた多くの翼型がこれまでに生みだされています。ここでは揚力発生の理屈を簡単に説明するうえで、きわめて標準的な翼型をわかりやすいようにアレンジして図示しました。この翼型では、前縁から後縁までの**上面のラインにはカーブがつけられていて、その結果直線に近い下面**に比べると後縁までの距離が長くなっています。しかし一方で航空機が空気中を移動すると空気は、主翼前縁の衝突点で上面と下面に分かれて流れることになります。そして後縁の合流点でもとに戻るのですが、そのためには空気は、同じ時間で主翼を通過しなくてはなりません。そうすると主翼上面を流れる空気流のほうが長い距離を移動しますので、下面の空気流よりも高速の空気流になります。

　オランダ人の物理学者のダニエル・ベルヌーイは1938年に、流体に関する原理として**ベルヌーイの定理**をまとめました。この定理は「流体の速度が速くなると圧力が低下する」というものです。翼型の周囲を流れる空気は、流体と同様ですから、上面を流れる高速空気流は下面を流れる低速の空気流よりも圧力が低いことになります。その結果、下面側で上面側を押し上げる力が発生し、これが揚力となるのです。

　ヘリコプターのメインローター・ブレードも翼型を有していますので、同じ理屈が適用できます。ただ固定翼機の場合は、機体が前進することで衝突する空気流を生みだしますが、ヘリコプター場合はブレードが高速回転することで空気流を得ています。テイルローターのブレードも翼型を有していますので、回転することで揚力とともに必要な方向に推進力を作りだします。

翼型による揚力の発生

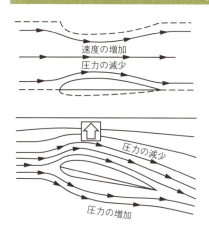
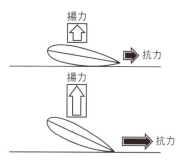

抑え角、抗力、揚力の関係。抑え角が増加すると、揚力と抗力も増加する

メインローター・システムの概要

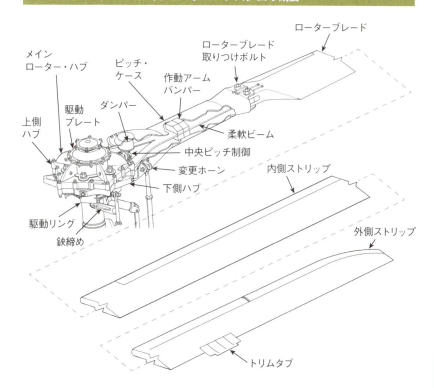

Ⅱ-2 迎え角

翼型を通過していく空気流は、翼型との当たり方でも発生揚力に差がでます。

迎え角と揚力

　翼型が大気中を移動するとき、翼型が大気に当たる角度を**迎え角**といいます。翼型の中心と大気流が成す角度のことで、空気流が水平でまた翼型の中心線が水平であれば迎え角は0度です。一方で水平の空気流に対して前縁を2度上げて水平飛行を行っている場合は、迎え角は2度になります。迎え角の変化は、翼型の発生揚力にも影響をおよぼします。

　自動車が動いているときに窓から外に手をだした状態を想像してみてください。手のひらを地面に対して水平にしていると、手の前の部分で空気を切り裂き、相対的に抵抗はきわめて小さい状態にあります。手のひらをわずかに前上がりにすると迎え角がつき、空気の力は手を後方に押すとともに、上にももち上げるようになります。ある時点までは、より大きな迎え角は、より大きな揚力を発生させることになるのです。ただこの揚力は、無制限に増加するものではありません。角度が大きくなったあるポイントで、上にもち上げる力よりも後方に押す力のほうがより大きくなります。上面を流れている空気流が後方部で乱れて渦を発生させ、表面から離れる**剥離**現象を起こすからで、この剥離による抵抗は、飛行速度を遅くし、主翼を流れる空気流の量を減らして、さらに揚力を小さくするため、航空機は**失速**に陥るのです。

　固定翼機では主翼を胴体に取りつける際に角度をつけている場合があります。これが**取りつけ角**で、ヘリコプターの場合、取りつけ角はローター回転面の円盤に対するブレードの角度です。この角度は純粋に機構的なもので、空気流の差異には影響されません。この角度はパイロットが操縦操作により変更することができ、すべてのローター・ブレードの取りつけ角を、同時に、同じローター回転円盤全体の面を傾けることも可能にしています。

翼型と空気流

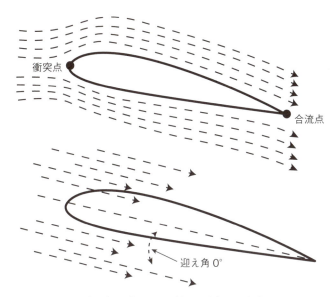

迎え角はブレードに対する空気流の角度

▼ベル214ST

世界最大の2枚ローターヘリコプターであるベル214ST。メインローター・ブレードは弦長の長い（幅の広い）翼型をしている（写真：Wikimedia Commons）

Ⅱ-3 回転運動の特色

ブレードが回転運動を続けるローターには、独特の力学的な作用が生じます。

揚力の発生の仕組み

　前項で記したように、ヘリコプターをもち上げる力＝揚力は、メインローターの回転により発生し、その揚力が機体を地球に向けて引っぱる力＝重力を上回ったときに機体は飛行状態に入ります。理論上は、空中にあって静止していて揚力が重力よりも小さくなれば、機体は下がり、揚力が大きければ機体は上がります。そして２つの力が等しいときには機体はそこで停止し、**ホバリング**と呼ばれる状態に入ります。機体の重量は重力と同じと考えてよく、ある物体が軽くなる、あるいは重くなるということは、それにかかる重力の力が小さくなるあるいは大きくなるということなのです。従って、より重いヘリコプターを空中に止まらせるためにはより大きな揚力を必要とすることになり、重重量状態のヘリコプターは、なにも積んでいないときに比べて、より大きな揚力を発生させる必要があります。一方で、ヘリコプターが飛行を継続すると、燃料を消費しますので、次第に重量が軽くなり、必要とする揚力もそれにつれて小さくなっていきます。

　揚力とは、翼型が空気を切り裂くことによって生じる上向きの力であり、ヘリコプターにおいては、翼型（メインローター・ブレード）は、空中を３つの方向で動いています。それは水平、垂直、そして回転で、これらの動きによって作られる力の間の相互作用によって、ヘリコプターがどのように動くかが決まってきます。中心を基点に回転するブレードの速度は、角速度とか、回転速度とか、ブレード速度とか呼ばれますが、意味するところはどれも同じです。ブレード上を流れる空気の速度は、ブレードの長さ（中心からの距離）によって変化します。すなわちブレードの全長に沿って発生する揚力は、それぞれの位置で異なってきます。これが**不均衡揚力**といわれているものです。

Ⅱ-3　回転運動の特色

揚力の非対称の発生

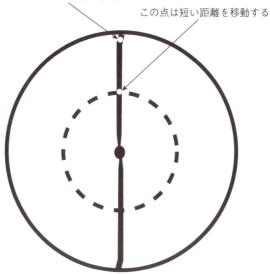

この点は長い距離を移動する

この点は短い距離を移動する

▼ AW189

ローターは同じ翼型が回転を続けるため、場所によって発生揚力に差が生じる。写真はレオナルドAW189（写真：レオナルド・ヘリコプターズ）

Ⅱ-4 不均衡揚力とコーニング

メインローター・ブレードでは回転速度の速い先端のほうが発生揚力が大きく、持ち上がる現象、コーニングを起こすことがあります。

揚力とコーニングの関係

　幾何学の基本的な理屈では、円においてより大きな円周は、1回転の円運動における移動距離をより大きくします。ヘリコプターのブレードのさまざまな点について考えると、ローターシャフトを機軸にして回転運動を行うブレードでは、翼端は中心部に近い点に比べると、より長い距離を移動することになります。しかしブレード全体は当然のことながら、同時に1回転を完了します。従って翼端は、中心部に近い点に比べると、より長い距離を移動するので、翼端部は回転の中心部近くよりも高速で動いていることを意味します。その結果、Ⅱ-1で解説したベルヌーイの定理により、翼端部で発生する揚力は中心部のものよりも大きくなり、回転円盤全体では場所によって揚力の大きさが異なる**不均衡揚力**という状態を生みだしてしまうのです。この状態を補うためにヘリコプターのブレードは通常、ブレードの内部に向かってねじりがつけられています。これは、ローター・ブレードが回転軸に近づくにつれてピッチ角を大きくするためもので、これにより発生揚力を大きくできて、ローター・ブレード各部に生じる揚力を等しくしているのです。

　ヘリコプターが作りだすより大きな揚力は、ブレードを水平位置から押し上げて、コーンに似た形状を形成します。これは、**コーニング**と呼ばれる現象で、ブレード全体が揚力を受けているために起きるものですが、ブレードは先端のみが自由に上下できるようにされているので、コーニングの角度がより大きくなると、発生揚力は小さくなります。これは、ローター・ブレードがコーニングすると実質的なローター直径が小さくなって有効回転円盤面積が減少するためです。有効回転円盤面積は、ブレード1回転で作られものですから、ブレードがコーニングを生じると揚力が減る結果となるのです。

Ⅱ-4 不均衡揚力とコーニング

Ⅱ ヘリコプターの飛行原理

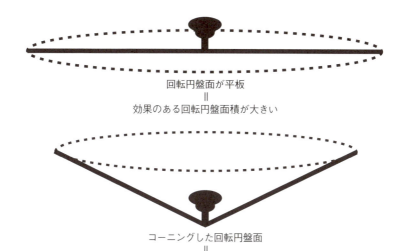

メインローターのコーニング

回転円盤面が平板
∥
効果のある回転円盤面積が大きい

コーニングした回転円盤面
∥
効果を発揮する回転円盤面積が小さい
※コーニング角はわかりやすいように強調してある

▼シコルスキーS-64

約7.3tの物資を吊り下げてフルパワーで飛行するシコルスキーS-64。高回転数によりメインローターがコーニング状態になっている（写真：エリックソン）

Ⅱ-5 ダウンウォッシュと地面効果

メインローターから生じる下向きの噴流は、時にはヘリコプターの飛行に危険をもたらすことがあります。

地面効果とは

　メインローター・ブレードが回転すると、空気を下方に押しつける力が生じます。これは、回転円盤のすぐ外側の空気が吹き上げられて上に回り込み、続いてその空気が円盤を通って下方に押し下げられることによりできるものです。この空気の流れが、**誘導流**あるいは**ダウンウォッシュ**と呼ばれるものです。ダウンウォッシュは、通常の飛行時やゆっくりとした姿勢変更に際してはなんの問題も生じず、ホバリング中には揚力を増加するのにも使用されます。しかし、急角度の降下（30度以上）の際には、ダウンウォッシュは時として致命的なものになります。ヘリコプターが、小さい前進速度できわめて急速な降下を行うと、そのダウンウォッシュを獲得することができず逆に機体が巻き込まれてしまい、降下を止めるのに十分な揚力を作りだすことが困難になるのです。この状態が**出力の仕返し（セットリング・ウィズ・パワー）** あるいは**空気渦流状態（ボルテックス・リング・ステート:VRS）** と呼ばれる現象で、機体を非常に危険な状態にさらし、最悪の場合には事故に至らしめます。

　航空機ではしばしば、**地面効果**という用語が使われます。固定翼機では、着陸に際して高度を下げたとき、主翼と滑走路で挟んだ空気が圧縮され主翼をもち上げようとする現象で、地面効果が大きいと降下率が低下してタッチダウンが遅れ、着陸距離が延びてしまいます。ヘリコプターでも、ローター直径以上の地面上の空でホバリングするとダウンウォッシュが地面に吹きつけられて、空気流の跳ね返りを作りだしてメインローターに戻ってきます。これがヘリコプターにおける地面効果で、跳ね返りがローター・ブレードの回転によって作りだされる揚力に加わりますので、より小さな出力でホバリングが行えることになります。ヘリコプターを空中に止めておくのに必要な出力がより小さくてすみます。

Ⅱ-5　ダウンウォッシュと地面効果

▼セットリング・ウィズ・パワー

出力の仕返しにより生じる、機体とメインローター周りの空気流（図：Wikimedia Commons）

▼ボルテックス・リング・ステート

薬剤散布で低高度を低速で飛行するヒラーUH-12E。薬剤によりVRSの気流が可視化できている（写真：ピンチャード・リカバリー）

Ⅱ　ヘリコプターの飛行原理

II-6 ヘリコプターの飛行操縦装置

ヘリコプターはメインローター、テイルローター、そしてエンジン出力の調節によってあらゆる飛行が行われます。

飛行操縦装置の基本操作

　ヘリコプターのパイロットは通常、3つの操作装置を使って機体の飛行操縦制御を行います。それらは、**サイクリック操縦桿**、**コレクティブ・レバー**、**方向制御ペダル**と呼ばれ、これらを組み合わせて使用することで各種の飛行操縦を行います。サイクリック操縦桿は、各メインローター・ブレードの機械的なピッチ角またはフェザリング角を、ブレードのサイクル内の位置に応じて独立して変更するためのもので、これにより機体の移動方向の変更が可能になります。簡単にいえば固定翼機の操縦桿と同じようなもので、ピッチ軸とロール軸を制御するものです。その配置や形状なども操縦桿と同様で、一般的なものはパイロットの正面中央にあって、グリップのついた棒状のスティックが床面から延びています。

　コレクティブ・レバーはパイロットの左側にあって、上下に動かすことですべてのメインローター・ブレードのピッチ角をまとめて（すなわちすべて同時に）変更するもので、その結果メインローターから得られる総揚力を増減させます。これにより水平飛行では上昇または降下が行え、さらにたとえば機体が前方に傾いていて総揚力が増加すると、一定量の上昇とともに加速が発生します。

　ヘリコプターでは、メインローターの回転数をできるだけ一定に保つ必要があるため、コレクティブピッチコントロールはスロットルにリンクされていて、ピッチレバーを上げると自動的に出力が増加し、ピッチレバーを下げると自動的に出力が減少するようになっています。またコレクティブ・レバーでは先端部に振り式の移転グリップがあって、エンジン出力の制御が可能にされています。通常は外側に回すと口メインローターの回転数が増え、内側に回すと回転数が減ります。方向操縦ペダルは、固定翼機の方向舵ペダルと同様のもので、テイルローターによる反トルク力を制御してヨー操縦を行います。

II-6 ヘリコプターの飛行操縦装置

コレクティブ・ピッチ操縦桿の機能と作動

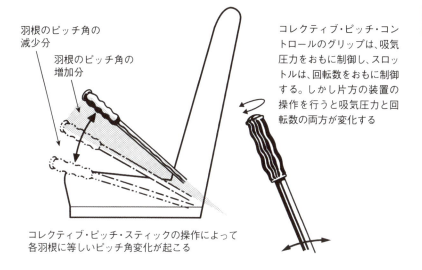

羽根のピッチ角の減少分

羽根のピッチ角の増加分

コレクティブ・ピッチ・コントロールのグリップは、吸気圧力をおもに制御し、スロットルは、回転数をおもに制御する。しかし片方の装置の操作を行うと吸気圧力と回転数の両方が変化する

コレクティブ・ピッチ・スティックの操作によって各羽根に等しいピッチ角変化が起こる

▼アエロスパシアルSA341Gガゼルのコクピット

サイクリック操縦桿、コレクティブ・レバー、方向操縦ペダルを備えたアエロスパシアルSA341Gガゼルのコクピット(写真:ハンガー-67)

II-7　MD900のサイクリックとコレクティブ

メインの操縦操作装置であるサイクリック操縦桿とコレクティブピッチ・レバーの詳細を、MD900を例に見ていきます。

操縦操作の動かし方とヘリコプターの動き

　　ヘリコプターの操縦操作装置を、MDヘリコプターズMD900を例にもう少しくわしく見ていきます。**サイクリック操縦桿**は左右両席のパイロットの前にあって、どちらでも操作できます。操縦桿を前に倒すとメインローターの回転面は前方に傾き、手前に引くと後方に、右に倒すと右に、左に倒すと左に傾き、それぞれ傾いた方向に機体が進んでいきます。従って前方に倒すと、機体は前進します。機種によって備えている装備が異なりますのですべてに共通するものではありませんが、いくつかのものは操縦桿のグリップ部についているスイッチで操作できます。このため、このグリップ部だけは左右対称にはなっておらず、左右いずれかで握りやすくまた操作しやすい設計になっています。

　　コレクティブ・レバーは、メインローター・ブレードのエンジンの出力制御とメインローター・ブレードの個々の傾き(ピッチ)を「集合的(コレクティブ)」に変更する操作装置です。ブレードの角度を増す(コレクティブを加える)ことにより、揚力が増加し、角度を減らす(コレクティブを減らす)ことで揚力は減少します。レバーは上下に動かすことができ、パイロットがコレクティブを加える(上に引き上げる)と、ヘリコプターは垂直に上昇します。しかしコレクティブを加えすぎると、ブレードの角度が大きくなりすぎて、揚力の代わりに抵抗を作りだすことになります。エンジンの出力制御はレバー中央部にある回転式グリップにより行います。MD900は双発機ですので上に第1エンジン、下に第2エンジンのものがあり、いずれも外側に回すとエンジン回転数が増えて出力が増加します。レバーの先端には、各種の操作スイッチ類がまとめて配置されています。

II-7 MD900のサイクリックとコレクティブ

MD900のコレクティブ・ピッチレバーの概要

1. コレクティブ精密操作ノブ
2. 電子エンジン制御リセット・スイッチ
3. 離陸タイマー
4. ホバー／着陸およびサーチライト・スイッチ
5. サーチライト制御スイッチ
6. ゴー・アラウンド選択スイッチ
7. 無線機選択スイッチ
8. ヨー同調スイッチ
9. 自動操縦／垂直方向垂直警報スイッチ
10. 左右エンジン出力ひねりグリップ
11. 位置マーカー
12. 整合位置マーク

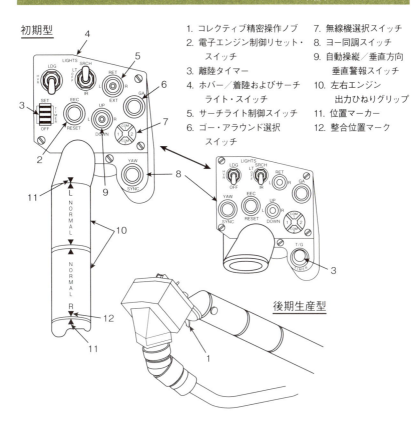

MD900のサイクリック操縦桿のグリップ部

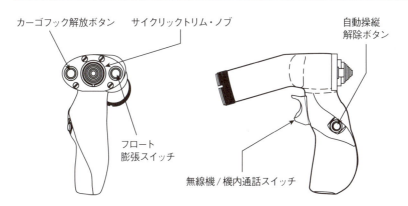

67

II-8 飛行運動の基本 ——水平運動

飛行中のヘリコプターにかかる基本的な力とその作用を示します。飛行運動を理解する一助になるでしょう。

水平運動の仕組み

　エンジンの推進力で前方に進む固定翼航空機とは異なり、ヘリコプターは揚力を傾けることで前進 (あるいは後退や横進) 飛行を行います。前方に進むには、パイロットはブレード個々の角度を調節してローターとブレードの回転によって作られる面である回転円盤全体を下向きに傾くように、サイクリック操縦を行います。回転円盤面が傾くと、揚力の向きも傾いて機体の前方の揚力が後方のものよりも大きくなることで、ヘリコプターが前方に進むのです。ヘリコプターが前進しているときには、揚力のうちのいくらかが前方に向けられるため、揚力の垂直方向の分力は小さくなります。従って、機体を前方に進めながら同じ高度を保つためには、より大きな前方と垂直方向の合計揚力の発生が必要になります。揚力と重量、推力と抗力がそれぞれ等しくしかも加速度がゼロの場合は、機体は水平直線飛行を行います。ヘリコプターは固定翼機と異なり、側方への側進飛行や後方への後退飛行を行うことも可能です。

移動揚力と通常揚力

　ヘリコプターの水平移動によって生みだされる揚力のことを「移動揚力」といい、より高速のブレードの回転速度でより大きな「通常揚力」が作りだされるのと同様に、より速い対気速度は、ある一定の点まではより大きな移動揚力が生みだされます。移動揚力は通常、速度20ノット (37km/h) 近くで発生し、約60〜70ノット (111〜130km/h) で最大レベルに達します。これが最大の揚力を作りだすことになりますので、もっともよい上昇率を得られることになります。

II-8 飛行運動の基本—水平運動

飛行中のヘリコプターにかかる力

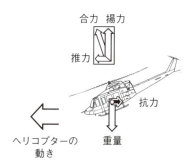

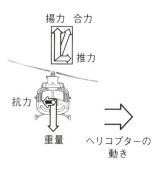

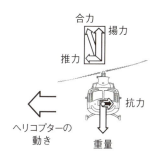

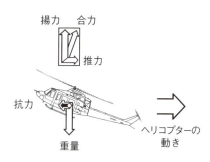

II ヘリコプターの飛行原理

69

II-9 揚力の非対称

飛行中のメインローターには前進側ブレードと後退側ブレードがあり、その位置によって発生揚力が異なることで非対称現象が生じます。

揚力の非対称

　ヘリコプターのメインローター・ブレードの速度と揚力は、機体の水平移動にともなって、より複雑なものになります。これは、円運動を行うブレードの回転による力が、回転運動中のあらゆる場所で水平運動に加わったり、あるいは作用しなくなったりするからです。回転の半分の部分では、ブレードはヘリコプターの機首方向に向かって進んでいて、残りの半分では、ブレードは尾部に向かって進みます。機体の進行方向に向かって進む（違って機首に向かって進む）ブレードを**前進側ブレード**、機首から離れる方向に進んでいるブレードを**後退側ブレード**といい、後退側ブレードは、ヘリコプターの進行方向の反対側に進んでいます。ヘリコプターがある速度で前進飛行を行っていれば、ブレードもそれと同じ速度で前進しています。前進側ブレードにとっては、これらの速度の合計がブレード面を流れる空気の速度に等しくなります。

　たとえばヘリコプターが240km/hで前進飛行しているとすると、回転しているローター先端の角速度は640km/hになり、ブレードが前進側であるブレード端の空気流の速度は2つの速度の合計で240＋640の880km/hになります。これに対して後退側のブレードの速度は反対の向きに進んでいるので640－240の400km/hでしかなくなり、両者には440km/hもの速度差が生じていることになります。

　このことから前進飛行を行っている機体のメインローターでは前常に、進側ブレードでより大きな揚力が作りだされていて、後退側の揚力が小さいことになります。そしてメインローターが右回転である場合は進行方向右側に前進側ブレードがあって、こちらでは追加の揚力を発生することになります。この状態を**揚力の非対称**といいます。

II-9　揚力の非対称

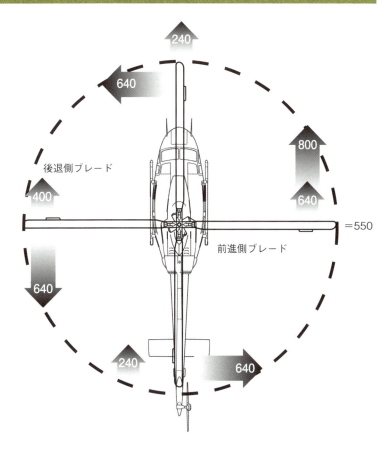

前進側ブレードと後退側ブレードの対気速度差

II-10 ブレード失速と高速飛行

飛行中のヘリコプターのメインローター・ブレードにかかる力などは、ヘリコプターの飛行速度能力に制約を課すことになります。

高速飛行が難しい理由

　II-9で揚力の非対称について記したとおり、ヘリコプターの前進速度が増加すると、後退側ブレードの対気速度がさらに減少し、それによる後退側ブレードの発生揚力の減少を補うために、後進側ブレードの迎え角を増加する必要が生じます。また、迎え角が大きくなりすぎるとブレードは失速を起こし、この失速した空気のポケットは、回転面の中心付近と先端部に発生します。一方で失速したブレードは、この地帯を通りすぎても回転を続けていますので、このブレードは後進側から前進側に移動するのです。しかし迎え角が大きいままでは振動を引き起こしてふたたびブレードが失速し、その状態が悪くなると大きな損害をもたらすことになります。この問題のポイントを越えてさらに速度が増加し続けると失速の地帯は拡大され、振動はより悪化します。こうしたことが、ヘリコプターの高速飛行を拒んでいます。

　ヘリコプターの高速化の研究はいくつか行われていますが、イギリスのウエストランド（現レオナルド）では、メインローター・ブレードの先端を大きな篦状にしたBERP（英国研究ローター計画）と呼ぶものを開発し、WG13リンクスの研究機に装着して、1986年8月11日に直線コースで400.87km/h（216.4ノット）というヘリコプターの当時の世界速度記録を樹立し、また初めて速度400km/hを超したヘリコプターにもなっています。

　BERPは、ブレード先端の前縁に小さな張りだし部を設けるとともに後退角をつけ、後縁部にもさらに大きな後退角をつけて特端部の翼弦を広くしています。またその形状にも工夫を凝らして、揚力と質量の最良の均衡が得られるものにしてあるといいます。このBERPはイギリスとイタリア共同のEHインダストリーズが開発した3発軍用ヘリコプターであるEH101に採用され、レオナルドAW101となった現在でも装備が続けられています。

II-10　ブレード失速と高速飛行

メインローターによる発生揚力分布

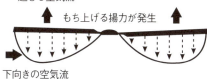

ホバリングにより起きる空気流
もち上げる揚力が発生
下向きの空気流

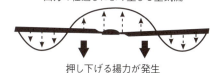

出力の仕返しにより生じる空気流
押し下げる揚力が発生

ブレード失速の回避

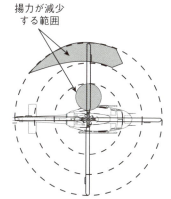

揚力が減少する範囲

BERP先端の概要

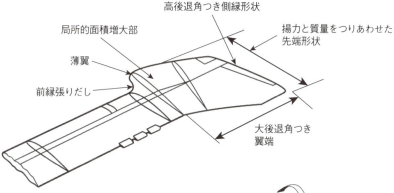

高後退角つき側縁形状
局所的面積増大部
揚力と質量をつりあわせた先端形状
薄翼
前縁張りだし
大後退角つき翼端

▼MCH-101のBERP先端

ウエストランドが開発した高速飛行用BERPブレードの先端
（写真：青木謙知）

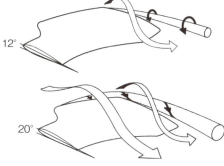

12°

20°

73

Ⅱ-11 飛行運動の基本 ── 旋回

ヘリコプターの旋回は、固定翼機とは異なるところがあります。ただ、調和のとれた旋回が重要なことは同じです。

■ 旋回飛行の操縦方法

　旋回は機体の飛行方向を変えるための操縦で、固定翼機では3舵（昇降舵、方向舵、補助翼）の調和が取れた操縦が重視されます。このため操縦桿と方向舵ペダルを同時に操作しますが、ヘリコプターで水平飛行から旋回飛行に入るための操作はサイクリック操縦桿を旋回する側に倒すだけです。方向操縦ペダルの操作は、かぎられたときにのみ必要になります。サイクリック操縦桿を傾けるとそれだけ機体の傾きも急になりますので、旋回を始めたら傾きが常に一定になるように操縦します。また高度を維持するにはメインローターの回転数を一定にする必要があります。ヘリコプターで飛行方向を変えるのは、方向操縦ペダルの操作だけでも可能ですが、これは旋回操縦ではありません。旋回飛行では、傾き角の量によって機体が横滑りを起こします。

　これは固定翼機の旋回でも同様で、旋回の外側への横滑りを**スキッド**、内側への横滑りを**スリップ**といいますが、ヘリコプターの場合は旋回の操縦操作が異なっているため、現象などに若干の違いがあります。また固定翼機では、スリップ／スキッド・ボールを備えた旋回／傾き計は必須の計器ですが、ヘリコプターは基本的に装備していません。スキッドは機体にかかる遠心力によって引き起こされるもので、機体の傾きが不足していることがおもな要因ですが、コレクティブ・レバーによるエンジン出力の量に対して旋回方向への方向操縦ペダルの踏み込み量が多すぎるときにも発生します。こうしたことからサイクリック操縦桿で機体の傾きを増すのが1つの解決策ですが、方向操縦ペダルの操作でも修正はでき、旋回方向と反対側のペダルを踏み込むことで修正ができます。スリップは逆に傾き角が大きすぎることが1つの要因ですが、コレクティブによる出力に対して旋回方向への方向操縦ペダルの踏み込みが不充分なときにも起きます。

II-11 飛行運動の基本──旋回

ヘリコプターの操縦装置と機体の動き

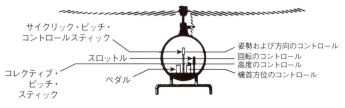

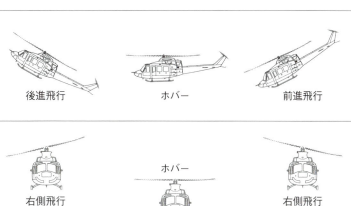

▼レオナルドAW169

機体を傾けて左旋回を行うレオナルドAW169。写真の機体はVIP輸送仕様機だ
（写真：レオナルド・ヘリコプターズ）

II-12 飛行運動の基本 —— ホバリング（1）

飛行中のヘリコプターの運動で大きな特徴が、ホバリングと呼ばれる空中停止で、ヘリコプターの大きな魅力になっています。

■ ホバリングの操作方法

　ヘリコプターの飛行運動のなかで、独特かつ最大の特徴の1つが、**ホバリング**と呼ばれる空中停止です。もちろん、固定翼機には不可能な飛行運動です。ホバリングは、機首方向と高度を一定に保ち、ある点の上を動かずにいるという飛行で、サイクリック操縦によって位置を保ち、コレクティブ操縦によって高度を保持し、方向操縦ペダルで機首の方向を保ちます。これらすべての操縦で適切な調和が取れていると正確なホバリングが行えますが、実際の大気条件では多くの場合風が吹いていますので、風の影響を受けない（流されない）ようにする修正も必要になります。

　山岳地での物資得輸送では、大型物資や長尺物資を胴体下に吊り下げて空輸し、その取り外し作業などをホバリングしながら行うケースが多々あります。この際にホバリングが安定していないと、吊り下げている貨物類が回りだして停止できなくなることがあります。こうした状態は、貨物がぶつかるなどで地上の作業員を危険な状態にさらしてしまいますから、貨物をできるだけ静止させてホバリングするテクニックも重要になります。このときには機体の飛行運動だけでなく、貨物にかかる風の影響も加味しなければなりません。

　ホバリングはまた、艦船への着艦に際しても用いられます。空母や強襲揚陸艦といった広い甲板をもつ艦船でも、巡洋艦や警備艇といった小さな後部甲板をもつ艦船でも着艦は通常、甲板上でホバリングを行って着艦位置上に滞空したあとに高度を下げて行います。このため、艦船が前進中であればそれにあわせた前進飛行が必要で、たとえば艦船の速力が15ノット（28km/h）であればヘリコプターも15ノットで前進飛行することで同じ点の上空を保ち続けて着艦することが可能になるのです。

II-12 飛行運動の基本—ホバリング(1)

▼ベルUH-1H

ベトナム戦争で民間人への救護物資を輸送し、ダウンウォッシュで落ち葉を舞い上げながらホバリングするアメリカ陸軍のベルUH-1H(写真：アメリカ陸軍)

▼EHIマーリンHC.Mk1

陸時上空で砂塵を舞い上げてホバリングするイギリス空軍のEHIマーリンHC.Mk1。こうした状態でパイロットが視界を失うことを「ブラウンアウト」という(写真：イギリス国防省)

II ヘリコプターの飛行原理

Ⅱ-13 飛行運動の基本
──ホバリング（2）

ホバリングはさまざまな環境で行われ、それぞれに対応した特別な技術が必要です。

ホバリングの操作技術

　ホバリングの基本は1点に機体を静止させておくことですが、いくつかの操縦技術もあります。その代表的なものを3つだけ取り上げておきます。

①ホバリング旋回：一定点の上空で風に正対しながらホバリング高度を保ちながら機首の向きを変える旋回運動です。基本的には方向操縦ペダルを使って希望する旋回方向に機首を回していきます。サイクリックとコレクティブは、位置と高度に変化が生じないように調節します。旋回が180度近くに達すると尾部が風上方向を向こうとする風見鶏効果が起きて増速や「はためき運動」いう揺れを起こすことがあります。

②ホバリング前進飛行：ホバリングの状態からゆっくりとして前進飛行に移ることで、高度と機首方位はそのままを維持し、サイクリックを前方に倒して前進飛行を開始する。通常は人が歩く程度の速度になったらサイクリックをもとに戻してその速度を維持します。この速度は地面効果を維持しますので、エンジン出力の操作は必要ありません。サイクリックを手前に引くことで前進飛行を止められます。

③ホバリング側進飛行：機体をホバリングから右または左の側方に進める飛行で、基本的な操作はホバリング前進飛行と同様にサイクリックを飛行したい方向に傾けて、ゆっくりとした速度で移動を開始したらそれを維持します。ホバリング側進飛行は、機体を移動させたいものの前進するスペースがないときに行うもので、飛行方向に2つの基準点を設けてこの基準点が一直線になるように飛行するのが操縦の基本です。この飛行でも地面効果があるので、エンジンの出力操作は不要です。

II-13 飛行運動の基本―ホバリング（2）

▼海洋救難でのホバリング

ホバリングでは一定の点に停止していることが重要になる。救難活動では、要救助者のほぼ真上でしっかりと停止していなければならない（写真：石原 肇）

▼ホバリング中のベル/ボーイングCV-22Bからのファストロープ降下

超低高度をホバリング中のベル/ボーイングCV-22Bからファストロープ降下を行うアメリカ空軍特殊戦部隊の隊員。ローターウォッシュの下への広がりは当然シングルローター・ヘリコプターとは異なるが、プロップローターの間隔が広いため胴体周辺は大きな影響を受けないという（写真：アメリカ空軍）

Ⅱ-14 飛行運動の基本
──オートローテーション（1）

エンジン停止時にヘリコプターが行える特殊な飛行がオートローテーションです。これによりヘリコプターは安全性の高い乗り物となっています。

■ オートローテーションの役割

　固定翼のプロペラ機は、エンジンの回転軸とプロペラが一体化しており、エンジンが停止するとプロペラの回転も止まって推進力が得られなくなり、主翼が発生する揚力も失われていきます。ほとんどの機種はグライダーのような滑空能力を有する設計にはなっていませんので、すぐに緊急着陸（不時着）を行う必要があります。これに対してヘリコプターは、トランスミッション内にクラッチがあって、エンジンの回転とメインローターの回転を切り離すことができて、エンジンの回転が停止しても少しの間メインローターの機能を維持することができるようにされています。これによりヘリコプターは、飛行中のエンジン停止に対する安全性が固定翼機よりも格段に高いともいわれていて、**オートローテーション**はヘリコプターの重要な機能の1つにもなっているのです。

　オートローテーションでは、まずコレクティブをすぐに減少させて揚力と抗力を減らします。これでヘリコプターは降下を開始しますが、ブレードに下側からの空気流が当たることでメインローターを回し続ける力となり、その結果飛行の継続を可能にするだけの回転をメインローターに与えることになるのです。もちろんその回転は抵抗が増えるに従って徐々に減少しますが、ローターシステムとブレードを制御する機械的なリンクが壊れていなければしばらくの間は飛行操縦が可能です。

　またテイルローターの回転はメインローターと同調していますので、こちらもメインローターが回転している間は機能を続け、方向操縦ペダルでの操縦が行えます。オートローテーション中の旋回は、サイクリック操縦桿だけを使用して行い、方向操縦ペダルは必要に応じて補助的に使用します。メインローターが右回転であればオートローテーションに入るときに左への偏揺れを起こしますので、方向操縦ペダルによる修正が必要です。

ノーフレア・オートローテーションの操縦

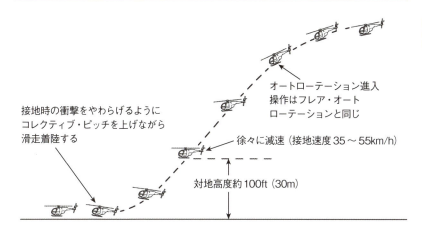

▼SUBARU UH-1J

ホバリング中のUH-1J。この状態でエンジンに不具合が起きてもオートローテーションで着陸することはできる（写真：青木謙知）

II-15 飛行運動の基本
——オートローテーション（2）

オートローテーションには、前進速度がある状態での着陸方法もあり、スペースがあればこのほうがより安全に着陸できます。

■ オートローテーションの種類

オートローテーションにはおもに次の3種類があります。

①ホバリング・オートローテーション

ホバリング状態から行うオートローテーションで、トランスミッションのクラッチを切ることでエンジとメインローターの回転軸を切り離してメインローターを完全な自由回転にします。オートローテーションの開始後は、メインローターはできるだけ最大回転数を維持します。重要なのはトルク力や風の影響を排除して機首方向を一定に保つようにすることです。

②ノーフレア・オートローテーション

滑走着陸形態を採る方式なので、長く平板な着陸滑走帯が得られる場合に用いられるオートローテーションです。まず最良滑空速度（最小降下率）になるよう機体の姿勢を調整して滑空飛行に入ります。着陸地点に近づいたらやや機首を上げて降下率を下げ、続いてサイクリックにより機体を水平にし、そのままの状態で接地します。ほぼ常時前進速度が得られることと、着陸のための操作が比較的簡単というメリットがあります。

③フレアード・オートローテーション

通常の飛行状態から行われるもっとも一般的なオートローテーションで、高度に余裕がありまた適切な操作が行われれば、相対的に狭いところへの着陸も可能です。着陸可能な速度は幅がありますが、フレア（引き起こし）角を大きくすると速度は遅くなり、着陸の滑走距離も減ります。基本的な操縦方法はノーフレア・オートローテーションと同じですが、接地直前の対地高度10～20m程度で機首のフレア操作を加えます。これも機種によって異なりますが、なったところでサイクリック操縦桿をなめらかに引いてフレアを行います。

II-15 飛行運動の基本―オートローテーション(2)

フレア・オートローテーションの操縦

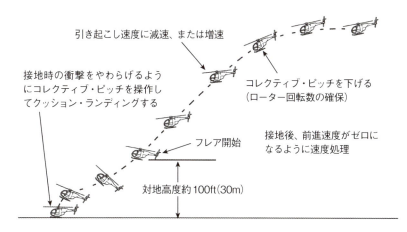

▼フレア操作を行ったカブリG2

飛行操縦訓練でフレア・オートローテーション着陸を行うカブリG2
(写真:フライングピッグ・ヘリコプターズ)

memo

第 III 章

ヘリコプターの各種形態

ヘリコプターには多くのタイプがあります。ローターが複数あるものやエンジン自体が動くものなど、一般的にイメージするような1つの様式にまとめられてはいないのです。ここでは、そうしたさまざまなヘリコプターの様式を紹介していきます。

Ⅲ-1 交差反転式ローター（1）

　2つのメインローターを機体上部に配置して交差回転させる手法は、第二次世界大戦中に考案されました。

■ 交差反転式ローターの概要

　2つのメインローターをもつヘリコプターで、機体中心近くの上面で比較的狭い間隔で横並びに配置し、双方のローターが接触しないよう交差回転面させている形式のヘリコプターで、英語では通常**インターメッシング**といいますが、略語で**シンクロプター**とも呼ばれています。またこの方式を開発したドイツ人の航空機技術者アントン・フレットナーにちなんで**フレットナー・システム**と呼ぶこともあります。

　このシステムでは、2つのメインローターは互いに反対方向に回転しますのでトルク力を打ち消し合うため、機体にはトルク力がかからず、テイルローターのような反トルク・システムは不要になります。テイルローターなどを回転させる必要がなくなって、エンジンの全パワーをメインローターの回転に使用でき、出力の無駄がありません。メインローターを2つもつ形式としては、このあとで記す二重反転ローターやタンデムローター、並列式などがあり、これらはいずれも同様に反トルクシステムが不要というという特徴をもちますが、タンデムで式や並列式に比べると機体をはるかに小型化できるという利点があり、二重反転式に比べるとローター・システムの機構を大幅に簡素化できます。欠点としては、メインローター回転面の干渉（衝突）を避けるために外側に角度をつけて交差させている結果、横向きの揚力を打ち消し合ってパワーロスを生じることが挙げられます。またメインローターの大型化に限界があるため、設計できる機体規模も制限されます。

　この形式を用いている実用ヘリコプターは少なく、製作されたのも、このあとに記す機種がある程度です。

Ⅲ-1 交差反転式ローター(1)

▼アントン・フレットナーとウェルナー・フォン・ブラウン

交差反転式ローター・システムを開発したアントン・フレットナー(左から2番目)。右から2番目はロケットの父と呼ばれるウェルナー・フォン・ブラウン博士(写真:Wikimedia Commons)

▼フレットナーFl265

(写真:Wikimedia Commons)

[データ:フレットナーFl265]メインローター直径12.29m、全長6.16m、全高2.82m、メインローター回転円盤面積118.6m² × 2、空虚重量800kg、最大離陸重量1,000kg、エンジン ブラモSh.14A(119kW)×1、最大速度76ノット(141km/h)、実用上昇限度4,100m、航続距離160海里(296km)、乗員1

Ⅲ-2 交差反転式ローター（2）

ドイツのフレットナーにより実用性が認められた交差反転方式の技術は、戦後にアメリカに伝わりました。

初期の交差反転式ローター機

●フレットナーFl265

1938年に交差反転式ローターの研究機として開発されたもので、1939年に初飛行して6機が作られました。1機が事故で失われましたが、この方式の実用性は認められて、次のFl282の開発につながりました。

●フレットナーFl282

アントン・フレットナーが設計・製作し1941年に初飛行した交差反転式ローターを備えた最初のヘリコプターで、コリブリ（ハチドリ）の愛称を有しました。試作初号機のメインローターは3枚ブレードでしたが、2号機以降は2枚ブレードになって、システムが簡素化されました。飛行試験では世界最初の実用ヘリコプターであるフォッケ・アハゲリスFw61よりもはるかにすぐれた性能を示し、1,000機程度の生産が計画されましたが、工場が連合軍の爆撃により製造が不可能となり、完成したのは20機程度だといわれています。

●カマンK-225

カマン・ヘリコプターの創設者であるチャールズ・カマンが設計した最初のヘリコプターがK-125で、鋼管骨組みの複座・単発の機体フレームに交差式のメインローターを組み合わせていました。カマンがこの方式を用いたのは、胴体にかかる反トルク力を無視できる点に魅力を感じたからでした。初号機は1947年1月15日に初飛行し、基本的には研究試作機でしたが、アメリカ海軍が2機、沿岸警備隊が1機を購入し、さらにアメリカ空軍もYH-22の名称で評価用に1機を調達しました。エンジン出力を増加したのがK-225で、このシリーズの最終タイプとなっています。

III-2 交差反転式ローター（2）

▼フレッチャー Fl282 コリブリ

（写真：Wikimedia Commons）

［データ：フレッチャー Fl282 コリブリ］メインローター直径11.94m、全長6.56m、全高2.20m、メインローター回転円盤面積112.0m^2×2、空虚重量760kg、最大離陸重量1,000kg、エンジン ブラモ Sh14A（119kW）×1、最大速度80ノット（482km/h）、最良上昇率毎分475m、実用上昇限度3,300m、航続距離92海里（170km）、有効搭載量240kg、乗員1

▼カマン K-225

（写真：Wikimedia Commons）

［データ：カマン K-225］メインローター直径11.58m、全長6.83m、全高3.35m、メインローター回転円盤面積105.3m^2×2、空虚重量816kg、総重量1,226kg、エンジン ライカミング O-435-2（168kW）×2、最大速度63ノット（117km/h）

Ⅲ-3 交差反転式ローター（3）

アメリカのカマンは交差反転式のヘリコプターに積極的に取り組んで、空軍と海軍で制式採用を獲得しました。

カマンの実用機（1）

　アメリカでこの方式を積極的に取り入れたのが、イゴール・シコルスキーのもとでヘリコプターを学び、1945年にカマン・エアロスペースを創設したチャールズ・カマンでした。最初の設計機であるであるK-125で交差反転方式を用いることとし、そのまま前項で記した最初の製作機K-225にも使用しました。K-225自体は成功作ではありませんでしたが、カマンはこの方式が成功へ導いてくれると確信し、本格的な実用機の設計へと進みました。こうして作られたのがH-43ハスキーです。

●カマンH-43ハスキー

　カマン最初の実用ヘリコプターであり、交差反転式ローターを使った世界初の実用量産機でもあります。アメリカ空軍向けの軽多用途タービン単発機として開発されたもので、原型機のHTK-1（H-43）が1953年4月21日に初飛行し、それをベースにした試作機も1956年9月27日に初飛行しました。量産仕様初号機の初飛行は1958年9月19日です。キャビンが小さかったため人員輸送には使えませんでしたが、捜索・救難や機観測・偵察などに用いられました。　基本型は空軍の捜索・救難機のHH-43で、その最終発展型がHH-43Fです。アメリカ海兵隊はHOK-1、アメリカ海軍はHUK-1の名称で運用を開始しましたが、1962年のアメリカの軍用機呼称統一法によりH-43にまとめられました。　基本型は空軍の捜索・救難機のHH-43Aで、その最終発展型でエンジンをパワーアップしたのがHH-43Fです。アメリカ海兵隊はHOK-1の名称で物資輸送などに使用し、ターボシャフト・エンジンを搭載した試験機HUK-3も作られましたが、このタイプは量産化されていません、アメリカ海軍は海兵隊と同じ仕様のタイプをHUK-1の名称で運用を開始しました。

III-3　交差反転式ローター（3）

▼カマンHOK-1

アメリカ海兵隊のHOK-1。出力450kWのプラット＆ホイットニーR-1340-80ワスプ・エンジンを装備した観測機で、のちの名称はOH-43D（写真：Wikimedia Commons）

▼カマンHH-43Fハスキー

（写真：アメリカ空軍）

［データ：カマンHH-43F］メインローター直径14.33m、胴体長7.67m、全高4.74m、メインローター回転円盤面積161.3m^2×2、空虚重量2,096kg、最大離陸重量4,150kg、エンジン ライカミングT53-L-11A（615kW）×2、最大速度100ノット（190km/h）、実用上昇限度7,000m、ホバリング高度限界6,096m（地面効果内）/4,877m（地面効果外）、最良上昇率毎分549m、航続距離438海里（811km）、座席数3

Ⅲ-4 交差反転式ローター（4）

交差反転式のヘリコプターは普及はしませんでしたが、カマンは独自性の高い物資輸送専用の機種を開発しました。

■ カマンの実用機（2）

●カマンK-1200 K-MAX

　1991年12月23日に初飛行した単座のタービン単発機で、機外吊り下げ物資輸送に特化した機種です。胴体下のカーゴフックには最大で2,7224kgの物資を吊り下げられる容量を有していて、これは同じタービン単発のベル204Bの1,361kgを上回ります。また交差反転式ローターは通常形式のヘリコプターと比べると飛行効率がよいことは過去の実績からも証明されていましたので、K-MAXは物資輸送専用機として注目を集めました。機体の寸法は、胴体がきわめて細いことを除けばベル204Bとほぼ同等ですが、パイロット1人で運用できる、いわゆる「ワンオペ」機ですので、効率的で低廉なコストでの運用が可能です。2011年以降アメリカ海兵隊が数回にわたってアフガニスタンの戦いに試験投入し安定した飛行特性と精密な空輸能力を有していること、さらには低騒音を実証しましたが、正式な採用には至りませんでした。2014年11月には消火ヘリコプターとしてデモンストレーション飛行も行いましたが、この用途では実用化されませんでした。またこのときに、1時間で11,000kgの水を散水するという記録も作っています。

　しかしK-MAXはいくつかの事故を起こしていて、それらの調査の結果2015年1月に耐空証明が取り消されました。特殊な用途の機種でしたから生産機数は少なく、2015年3月の時点で運用状態にあったのは21機だったといわれ、またこの時点で5機が製造中でしたがそれらが完成することはなく、また耐空証明の再取得も計画されましたが、将来的な採算性は見込めないとされて、2023年に生産を終了しています。ただ、軍向けの遠隔操縦無人機型の研究・開発は続けられていて、採用されれば生産再開の可能性もあります。

Ⅲ-4 交差反転式ローター（4）

▼カマン K-MAX

ロテックス・エビエーションが運用したK-MAX（写真：カマン）

▼カマン K-MAX

（写真：カマン）

［データ：カマンK-MAX］メインローター直径14.73m、全長15.85m、全高4.14m、メインローター回転円盤面積170.5m^2×2、空虚重量2,344kg、最大離陸重量5,433kg（機外吊り下げ時）、エンジン ハニウェルT5317-A-1（1,010kW）×1、超過禁止速度100ノット（190km/h）、実用上昇限度4,600m、ホバリング高度限界8,016m（地面効果内）、最良上昇率毎分762m、航続距離300海里（556km）、乗員1

Ⅲ-5 同軸二重反転式（1）

1本のメインローターシャフトを二重構造にして2つのメインローターを逆回転させるのが同軸二重反転式ローターです。

■ 同軸二重反転式の概要と問題点

　ロシア人の科学者ミハイル・ロモソノフが1754年に考案したアイディアで、上下に重ねたメインローターを二重構造の内部をもつ1本の軸で回転させるというものです。外側の軸が下側のローターを、内側の軸が上のローターを駆動し、さらにそれぞれの回転方向を逆にすることで胴体にかかるトルク力を打ち消し、テイルローターなどの反トルク機構を不要にしています。また2つのメインローターが逆回転することで、揚力の非対称の発生も防げます。テイルローターがなくなるということは全長を大幅に短縮し、機体をコンパクトにまとめあげることを可能にします。一方でメインローターを二段重ねにしますから必然的に全高は高くなります。一方でメインローター・システムの機構が非常に複雑になって信頼性や整備性の低下を招くことと、その部分の重量の増加が問題点です。

●ブレゲーG.111

　フランス人のルイ・シャルル・ブレゲーが設計した3枚ブレードの二重反転ローター機がG.11Eで、1949年5月31日に初飛行しました。装備したポテーズ製エンジンが出力不足だったためプラット＆ホイットニーのワスプ・ジュニアに変更しメインローターの直径を1.00m大きくした改良型のG.111に改造されました。1851年にG.111は飛行試験を再開しましたが、資金不足により作業はすぐに終わりました。

●シエルバCRツイン

　1960年代にシエルバ社が開発に着手した乗客4人乗りの軽輸送機で、1969年8月18日に初飛行しました。開発に対する資金援助がまったく得られなかったことから、1975年にプロジェクトは放棄されました。

III-5　同軸二重反転式（1）

▼ブレゲーG.111E

（写真：Wikimedia Commons）

[データ：ブレゲーG.111E] メインローター直径8.60m、全長9.20m、全高4.05m、メインローター回転円盤面積58.0m^2×2、エンジン　ポテーズ9E-00（180kW）×2、空虚重量850kg、最大離陸重量1,300kg、最大速度130kt（241km/h）、実用上昇限度4,000m、乗員1

▼シエルバCRツイン

（写真：Wikimedia Commons）

[データ：シエルバCRツイン] メインローター直径10.06m、全長8.58m、全高3.02m、メインローター回転円盤面積79.5m^2×2、エンジン　コンチネンタルIO-360（101kW）×2、空虚重量878kg、総重量1,439kg、最大速度110ノット（204km/h）、実用上昇限度6,100m、最良上昇率毎分427m、座席数5

Ⅲ-6 同軸二重反転式（2）

二重反転式のメインローターにこだわって多くの機種を開発し実用化させたのが、旧ソ連のカモフ設計局でした。

カモフ設計局の概要

　ヘリコプターにくわしい人であれば、同軸二重反転式メインローターと聞いてまっ先に思い浮かべるのは、旧ソ連のカモフ設計局でしょう。ロシアになった今日では、航空機設計局は民間企業化されていて、カモフもミル設計局とともに2007年にモスクワに設立された「ロシアン・ヘリコプターズ」の一員になっています。カモフ設計局は1929年にニコライ・イリイッチ・カモフを指導者として設立されたもので、オートジャイロの設計・製造に着手しました。中央流体力学研究所とともに開発したA-7-3は軍に引き渡され、詳細は不明ですが実際の軍事行動に使用されたと伝えられています。1940年にはヘリコプター専門の設計局となることが認められて、同軸二重反転式ローターを技術的な特徴にした多くのヘリコプターを生みだしました。カモフ博士は1902年9月にイルクーツクで生まれ、1973年11月24日死去するまでそこを動かず、設計局の拠点もイルクーツクに置かれ続けました。イルクーツク州の東にあるトムスク州のトムスク空港は2018年に、プーチン大統領の指示によりカモフ博士の名を冠したトムスク・カモフ空港に改名されています。

●カモフKa-8

　同軸二重反転式研究設計機KA-17から生みだされたカモフ最初のピストン単発単座機で、1947年に初飛行しました。パイロットは、フロート状の降着装置の上にむきだしで搭乗し、前方にエンジンと燃料タンク、後方に方向舵がありましたが、パイロットはかなり危険な状態での飛行操縦を強いられ、実用的な設計機とはいえないものでした。初期のものはハンドル式のバーだけで操縦操作を行いましたが、のちにはコレクティブとサイクリックのレバーがつけられて、各種の飛行操縦が可能にされました。

III-6 同軸二重反転式 (2)

▼カモフKa-8

着陸操縦中のKa-8。パイロットの正面に計器盤はあるが、着陸操作のタイミングなどは周囲の景色の見え方が頼りだった(写真:カモフ)

▼カモフKa-8

Ka-8と、それに続いた基本的に同じ設計のKa-10"ハット"は、お世辞にも実用性があるものとはいえなかった
(写真:カモフ)

[データ:カモフKa-8] メインローター直径5.56m、全長3.71m、全高2.49m、メインローター回転円盤面積24.3m^2×2、空虚重量183kg、総重量275kg、エンジン M-75(20kW)×1、最大速度43ノット(80km/h)、実用上昇限度250m、乗員1

III ヘリコプターの各種形態

97

Ⅲ-7 同軸二重反転式（3）

カモフはKa-15以降、フェアリングつきの胴体や車輪式降着装置を備えた本格的な設計機を生みだしていきました。

■ カモフの量産機

　この方式のヘリコプターを多数実用化させているのが旧ソ連／ロシアのカモフで、量産機を輩出している唯一のメーカーともいえます。

●カモフKa-10"ハット"
　Ka-8の設計をベースにして軍用向けに生産したもので、1949年9月に初飛行して、おもにソ連海軍で観測機として使われました。尾翼と方向舵に改良を加えたのがKa-10Mです。Ka-8自体が実用性のある機体設計ではなくそれをほとんど踏襲していたため、この機種の運用もごくかぎられたものとで終わったようです。

●Ka-11
　小型の単座ヘリコプターとして計画されたものですが、詳細は不明です。

●Ka-12
　9座席の多用途ヘリコプターと伝えられていますが、こちらも詳細は不明です。

●Ka-14
　機種名だけが伝えられている、軽多用途機とされるものです。

●カモフKa-15"ヘン"
　1952年4月14日に初飛行した民間向けの2人乗り単発の汎用機です。海軍向けにも製造され軍用型はたんにKa-15、民間型はKa-15Mと呼ばれました。胴体左右に支柱支持で延びる主脚と2輪式の前脚、左右両端に垂直安定板をもつ水平尾翼を特徴としました。完成度の高い設計であったことは確かで、以後のカモフ設計局のヘリコプターの多くは本機種の基本設計をベースにしています。

III-7　同軸二重反転式（3）

▼カモフKa-10 "ハット"

［データ：カモフKa-10"ハット"］メインローター直径6.12m、胴体長3.70m、全高2.50m、メインローター回転円盤面積29.4m^2×2、空虚重量234kg、最大離陸重量375kg、エンジン イフチェンコAl-4V（41kW）×1、最大速度49ノット（91km/h）、実用上昇限度1,000m、航続距離51海里（95km）、乗員1

▼カモフKa-15M "ヘン"

（写真：Wikimedia Commons）

［データ：カモフKa-15M "ヘン"］メインローター直径9.96m、全長6.26m、全高3.35m、メインローター回転円盤面積77.9m^2×2、空虚重量900kg、最大離陸重量1,410kg、エンジン イフチェンコAl-14V（190kW）×1、最大速度81ノット（150km/h）、実用上昇限度3,000m、座席数2

III-8 同軸二重反転式（4）

ヘリコプター技術やターボシャフト・エンジンの進歩により、カモフのヘリコプターも近代化発展を続けました。

カモフの量産機

●カモフKa-18"ホッグ"

Ka-15の胴体を延長して最大4座席とし、またエンジンをパワーアップして民間向けとした発展型ですが、Ka-15との見分けはほとんどつかず、ソ連海軍でも使用されたようです。

●カモフKa-20"ハープ"

1961年に存在が確認されたタービン双発機で、対潜作戦を主用途とする機種として開発されました。次のKa-25のベースになる機種でした。Ka-25の完成度が高かったことから、Ka-20の生産機数は少なかったようです。一方この機種によりカモフは、同軸二重反転式のメインロータ方式に自信をつけました。海軍で使われた機体は、海水の塩害による腐食に悩まされました。結果としてそれが、カモフが一連の艦載機を手がけられるきっかけとなりました。

●Ka-22

大型の胴体と高翼配置の主翼をもち、その両端にエンジンを取りつけた大型機で、エンジンは前方につけたプロペラと上向きにつけた大直径の4枚ブレード・ローターを回転させるという斬新な構成の機体でした。主翼は直線のテーパー翼で、後縁には大面積のフラップがありました。降着装置は前脚式3脚で、固定脚です。操縦室は前方胴体上部に張りだす形で設けられ、胴体最前部は航法士席になっていました。胴体内には最大で80席の客席を設けられ、貨物輸送ならば16.5tのペイロード能力を有するとされました。尾翼は通常の垂直尾翼と水平尾翼の組み合わせで、それぞれ方向舵と昇降舵を有しました。1機だけ作られた試作機は1960年4月20日に初飛行しましたが、技術的な難題が山のようにあり、また実用性に乏しいことからすぐに開発は中止され、これ以降カモフは二重反転式ローター機の作業に戻りました。

Ⅲ-8　同軸二重反転式（4）

▼カモフKa-18"ホッグ"

（写真：カモフ）

[データ：カモフKa-18"ホッグ"] メインローター直径9.96m、全長7.03m、全高3.34m、メインローター回転円盤面積77.9m^2×2、空虚重量1,060kg、最大離陸重量1,480kg、エンジン イフチェンコAI-14VF（209kW）×1、最大速度81ノット（150km/h）、実用上昇限度3,250m、航続距離89海里（165km）、乗員1

▼カモフKa-20"ハープ"

胴体側面に小型の空対艦ミサイルのダミー弾を搭載したKa-20。こうした兵器搭載は本格的な実用型Ka-25"ホーモン"ではあまり見られなかった（写真：ソ連海軍）

[データ：カモフKa-20"ハープ"] 機体寸度不明（Ka-25"ホーモン"とほぼ同等、エンジン グルシェンコフGTD-3D735kW）×2、性能不明

III-9 同軸二重反転式（5）

コンパクトな機体設計と取り扱いの容易さなどからカモフのヘリコプターは、艦載機として広く使われるようになりました。

カモフの量産機

●カモフKa-25"ホーモン"

　ソ連海軍向けの対潜/多用途艦載ヘリコプターとして開発されて1961年に初飛行し、1968年に就役しました。またこの機種の成功により、カモフのヘリコプター＝同軸二重反転式ローターという概念を植えつけました。テイルローターが不要で全長を短くでき、さらにメインローター・ブレードを折りたたみ式にしたことで甲板上で必要とするスペースを大幅に小さくできています。一方で全高が高いため、艦上の格納庫の高さは高くなっています。

　海軍の艦船からの運用用途はさまざまで対潜作戦以外にも捜索・救難、水平線越え（OTH）の目標指示などに用いられました。対潜作戦型はKa-25BSh"ホーモンA"、OTH目標指示型はKa-25Ts"ホーモンB"、輸送および捜索・救難型はKa-25PS"ホーモンC"と呼ばれました。対潜作戦用の器材としてはレーダーのほかに吊り下げ式のディッピング・ソナーや磁気異常探知装置を搭載し、救難用器材としてはレスキュー・ウィンチを有していました。また、地上部隊の強襲支援型も作られて、ロケット弾などの武器の搭載が可能にされていました。ほかにも各タイプにパワーアップ発展型があり、さらには特殊なミサイル追跡型Ka-25TIとTVも作られました。

　生産は1966年から1975年にわたって続けられたとみられ、各タイプあわせた総生産機数は460機程度にのぼるとされています。生産機の大多数はソ連海軍に引き渡されましたが、ブルガリア、インド、シリア、ベトナム、ウクライナ、ユーゴスラビアにも輸出されています。どの国もソ連/ロシアと同様に海軍が艦載ヘリコプターとして装備しましたが、ユーゴスラビアだけは空軍が装備して、捜索・救難機として使用しました。

III-9 同軸二重反転式 (5)

▼カモフKa-25BSh "ホーモンA"

カモフ最初の大成功作となったKa-25 "ホーモン"。本機種によりカモフは、艦載ヘリコプターメーカーとして不動の地位を確立した（写真：ソ連政府）

[データ：カモフKa-25BSh"ホーモンA"] メインローター直径15.74m、全長9.75m、全高5.37m、メインローター回転円盤面積194.6m^2×2、空虚重量4,765kg、総重量7,500kg、エンジン グルシェンコフGTD-3F（671kW）×2、最大速度113ノット（209km/h）、実用上昇限度3,350m、航続距離220海里（407km）、乗員4

▼カモフKa-25KBSh"ホーモンA"

駆逐艦上のKa-25BSh"ホーモンA"。車輪には緊急着水用の膨張式フロートがつけられている

103

Ⅲ-10 同軸二重反転式（6）

カモフは民間のヘリコプターも手がけていますが、製造の主体は軍用機になっていて、これは今も変わりありません。

■ カモフの量産機

●カモフKa-26"フードラム"

　大成功作となったKa-25の駆動系統の技術を活用して開発された民間向け星形ピストン・エンジン双発多用途機で、エンジンはポッドに収めて胴体左右外側上部に取りつけるようにしました。その取りつけ部から後方に2本のブームが延び、最後部に方向舵つき垂直安定板を左右にもつ水平安定板を結ぶ形となって、胴体設計は大きく変わっています。おもな用途は物資輸送や農薬散布で、パイロットのほかに乗客6人、あるいは担架2床と看護員2人を乗せるなどの仕様にすることもできました。日本をはじめ西側諸国にも輸出されて、総生産機数は816機にも達しています。

●カモフKa-27/-32"ヘリックス"

　Ka-25"ホーモン"の後継艦載ヘリコプターとして開発されたもので、1973年12月24日に初飛行しました。エンジンが大幅にパワーアップされるなどの改良により多用途性が増し、対潜作戦型や武装攻撃型、捜索・救難型、水平線越え目標指示型に加えて、大型の回転式レーダーを備えた海上監視・早期警戒型のKa-31なども作られています。Ka-27の機体フレームを活用した民間型がKa-32で、人員輸送型のKa-32T"ヘリックスC"は16人の乗客を運ぶことができます。最新のタイプであるKa-27Mは、機首の捜索レーダーがアクティブ・フェイズド・アレイ型になるなどの近代化が行われ、また対潜能力も向上しているといわれます。

Ⅲ-10 同軸二重反転式（6）

▼カモフKa-26 "フードラム"

（写真：Wikimedia Commons）

［データ：カモフKa-26］メインローター直径13.00m、胴体長7.75m、全高4.05m、メインローター回転円盤面積132.7m^2×2、空虚重量1,950kg、最大離陸重量3,250kg、エンジン ベデニイェフM-14V-26（243kW）×2、最大速度92ノット（170km/h）、実用上昇限度3,000m、ホバリング高度限界1,300m（地面効果内）/800m（地面効果外）、航続距離220海里（407km＝乗客7人時）/650海里（1,204km、フェリー時）、座席数7～8

▼カモフKa-27 "ヘリックス"

（写真：アメリカ海軍）

［データ：カモフKa-27"ヘリックス"］メインローター直径15.80m、全長11.30m、全高5.51m、メインローター回転円盤面積196.1m^2×2、空虚重量6,500kg、最大離陸重量12,000kg、エンジン イソトフTV3-117V（1,660kW）×2、最大速度150ノット（278km/h）、実用上昇限度5,000m、航続距離530海里（982km）、乗員3～7

Ⅲ ヘリコプターの各種形態

105

Ⅲ-11 同軸二重反転式（7）

二重反転式の軍用攻撃ヘリコプターは単座機でスタートしましたが、並列複座型が成功を収めています。

■ カモフの量産機

● カモフKa-50/-52 "ホーカム"

　1982年6月17日に初飛行した戦闘ヘリコプターがKa-50"ホーカムA"で、現在まで世界で唯一の単座戦闘ヘリコプターです。開発が判明した当時西側には同種のものがなく、特にその空対空戦闘能力はヘリコプターにとって大きな脅威になると捉えられていました。しかしその後の研究でヘリコプター同士の空対空戦闘は戦技・戦術などの開発が難しく、またその技術開発の意義は低いとされるようになり、今日では西側でもほとんど研究は行われていません。旧ソ連/ロシアでもそれは同様で、Ka-50は主力装備にはならずに製造は20機程度で終了しました。

　Ka-50を並列複座の武装攻撃機にしたのがKa-52アリゲートール（"ホーカムB"）で、1997年6月25日に初飛行しました。Ka-50はその用途が定まらなかったことや、かならずしも軍の要求にあっていなかったことから20機弱で生産を終了しまい、生産の主力はKa-52に移りました。Ka-52はこれまでに200機程度が作られていて、ウクライナとの戦いにも投入されていて、ロケット弾攻撃などの様子が多数報じられていますが、ウクライナ軍に撃墜された映像も報道などで報じられています。

　Ka-52の最新型がKa-52Kカトランで、強襲揚陸艦に配備する艦載の強襲支援機です。陸上作戦型のKa-52が6カ所の兵器ステーションを有しているのに対し、カトランは運用上の理由からか4カ所に減らされています。また陸軍向けのKa-52に夜間作戦能力を追加するなどしたのがKa-52Mで、在来機の改造機が2023年1月に軍に引き渡され、今後は新規製造が行われる見込みです。

Ⅲ-11 同軸二重反転式（7）

▼カモフKa-50"ホーカムA"

（写真：ロシアン・ヘリコプターズ）

［データ：カモフKa-50"ホーカムA"］メインローター直径14.50m、全長16.31m、全高4.93m、メインローター回転円盤面積65.1m^2×2、空虚重量7,700kg、最大離陸重量10,800kg、エンジン クリモフVK-2500（1,800kW）×2、最大速度170ノット（315km/h）、実用上昇限度5,500m、戦闘航続距離250海里（463km）、通常航続距離294海里（544km）、乗員1

▼カモフKa-52"ホーカムB"

（写真：ロシアン・ヘリコプターズ）

［データ：カモフKa-52アリゲート］メインローター直径14.50m、全長16.00m、全高4.95m、メインローター回転円盤面積165.1m^2×2、空虚重量7,700kg、最大離陸重量11,300kg、エンジン クリモフTV3-117VMA（1,638kW）×2、最大速度189ノット（350km/h）、実用上昇限度5,486m、航続距離248海里（459km）、乗員2

Ⅲ-12 同軸二重反転式（8）

21世紀に入ってもカモフは新世代型の二重反転式ローター機の研究・開発を続けています。

■ カモフの量産機

●カモフKa-126/-226

　Ka-26の後継として開発されたタービン単発機で、NATOのコードネームはKa-26の"フードラム"を受け継いでいます。エンジンをオムスクTVD-100ターボシャフト1基に変更したことで、駆動系統もそれに対応して変更したものになっています。前方部の膨らみが大きな設計の胴体ポッドを特徴とし、1988年12月22日に初飛行しました。エンジンを小型のアリソン（現ロールスロイス）250-C20Rに変更したのがKa-226"フードラムB"、そのエンジンをフランスのチュルボメカ・アリウス2G1双発としたのがKa-21226Tで1988年12月22日に初飛行しています。エンジンをロールスロイス250-C20R2にしたタイプの製造も可能とされました。Ka-126/-226はKa-26同様に胴体ポッドの後部を目的用途に応じて交換できるようにされていて、軍用型への転用も可能とされています。Ka-126は17機を生産しただけでプログラムを終了して、開発作業はKa-226に移りました。

●カモフKa-92

　カモフが2009年にモスクワ近郊で開かれたヘリロシア2009で計画を発表した大型の旅客ヘリコプター機体案で、4枚ブレード同軸二重反転式メインローターに5枚ブレードの推進用プロペラを組み合わせるという機体構成でした。エンジンは双発で、最大離陸重量は16t級、乗客30人程度を乗せて最大で1,900kmの航続力をもつとされ、またコンパウンド方式の推進システムにより270ノット（500km/h）の巡航速度速度性能を有する性能が目標と発表されました。2018年に試作機を初飛行させる計画でしたが、2015年には政府の資金難で計画中止となっています。

III-12　同軸二重反転式（8）

▼カモフKa-226T

（写真:Wikimedia Commons）

[データ：カモフKa-226T] メインローター直径12.95m、全長7.98m、全高4.15m、メインローター回転円盤面積131.7m^2、総重量16,000kg、エンジン チュルボメカ・アリウス2G1(435kW)×2、最大速度135ノット(250km/h)、実用上昇限度6,200m、ホバリング高度限界4,600m、航続距離324海里(433km)

▼カモフKa-92

（画像：カモフ）

[データ：カモフKa-92（量産型計画値）] エンジン クリモフVK-3000(2,386kW)×2、巡航速度約270ノット(500km/h)、航続距離760海里（約1,408km）

109

Ⅲ-13 同軸二重反転式（9）

アメリカのシコルスキーは、ヘリコプターの高速飛行研究に同軸二重反転式ローターを用いました。

■ シコルスキーの同軸二重反転式機

●シコルスキーS-69/XH-59

　シコルスキーとアメリカ陸軍による前進側ブレード概念（ABC）研究用に作られた複座機で、ローター回転用のシャフトと推進用のターボジェットターボシャフトとターボジェット2種のエンジンを備えたコンパウンド（複合動力）機です。1973年7月26日に初飛行しました。胴体を極力スリムな流線形設計にして空気抵抗を減少したことで、ターボジェット・エンジンを使うと263ノット（487km/h）で飛行できることなどを実証し、また本来の研究目的であった同軸二重反転式ローターによる、高速飛行時の前進側ブレードによる負荷の大部分を支えて後退側ブレードの負荷の軽減と失速のは排除などの主要な成果は得られました。一方で、燃費率はかなり高くまた振動が大きいという問題を有しました。ただホバリングでは、風の向きを問わず安定性が高いことを示しています。研究飛行は1981年に終了し、作られた2機の合計飛行時間は106時間でした。XH-59は2機のXH-59Aが作られ、1機は事故で失われています。シコルスキーは推進エンジンをダクテッドファンにするXH-59Bも提示しましたが、関心は得られず製造されませんでした。

●シコルスキーX2

　シコルスキーはまた、2008年8月27日に初飛行させた高速飛行研究機X2にも同軸二重反転式ローターを使用しました。単発のこの機種は推進用のプロペラも装備していて、1つのエンジンでメインローターと推進プロペラを駆動しました。飛行試験では250ノット（463km/h）での水平飛行に成功していて、浅い降下加速飛行では260ノット（482km/h）の最大速度に到達しています。

Ⅲ-13 同軸二重反転式（9）

▼シコルスキーS-69

（写真：シコルスキー）

［データ：シコルスキーS-69］メインローター直径10.97m、全長12.42m、全高4.01m、メインローター回転円盤面積94.5m^2×2、最大離陸重量4,990kg、エンジン プラット＆ホイットニー・カナダPT6T-3（3,61kW）×1＋プラット＆ホイットニーJ60-P-3A（13.3kN）×2、最大速度263ノット（487km/h（ターボジェット使用時））/156ノット（289km/h（ターボシャフトのみ））、実用上昇限度4,572m、最良上昇率毎分366m、乗員2

▼シコルスキーX2

（写真：シコルスキー）

［データ：X2］メインローター直径8.05m、メインローター回転円盤面積50.9m^2×2、空虚重量2,404kg、最大離陸重量2,722kg、エンジン LHTEC T8-00-LHT-801（1,300kW）×1、最大速度250ノット（460km/h）、航続距離30海里（56km）、乗員2

Ⅲ ヘリコプターの各種形態

111

Ⅲ-14 タンデムローター形式（1）

胴体の前後にメインローターを取りつけるのがタンデムローター・ヘリコプターで、大型機の開発に用いられて実用化しました。

■ パイアセッキに始まる

　胴体の前方と後方に、縦列形式で独立したメインローターを有するタイプで、必然的に胴体長は長くなりますので機体は大型になり、その結果重心位置の幅が広がって安定性が高まります。一方で2つのメインローターは個別のエンジンで駆動され、両エンジンはトランスミッションによって同調されているので各種の操縦は可能になっていますが、トランスミッションの機構は大幅に複雑化しています。タンデムローター形式のヘリコプターで最初に成功を収めたのがアメリカのパイアセッキで、ヘリコプターの大型化にも貢献しました。

●パイアセッキHRPレスキュアー/ハープ

　タンデムローター機のアメリカ海軍へのデモンストレーションに成功したパイアセッキが1944年2月に開発契約を得た救難機で、1945年に初飛行しました。その独特の機体形状から「フライング・バナナ（空飛ぶバナナ）」とも呼ばれました。この機種以後パイアセッキは、タンデムローター機の開発に心血を注ぎ、その伝統は今日のボーイングに受け継がれています。

●パイアセッキH-25/HUPリトリーバー

　1948年3月に初飛行した、この形式のものとしては比較的小型の機種ですが、アメリカ陸・海軍などで汎用機や救難機として約330機が生産されました。HUPはアメリカ海軍における名称で、1962年の軍用機呼称統一法によりH-25に名称変更されています。

●パイアセッキH-21ショウニー/ワークホース

　タンデムローター形式の地位を確立したといってよい機種で、1952年4月11日に初飛行し、主として人員輸送と捜索・救難に用いられました。

Ⅲ-14　タンデムローター形式（1）

▼パイアセッキHRP-2レスキュアー　　　　　　　　（写真：アメリカ空軍）

［データ：パイアセッキHRP-2レスキュアー］メインローター直径12.50m、全長16.56m、全高4.52m、メインローター回転円盤面積122.7m^2×2、空虚重量2,404kg、総重量3,277kg、エンジン　プラット&ホイットニーR-1340-AN-1（447kW）×1、最大速度91ノット（169km/h）、実用上昇限度2,600m、航続距離260海里（482km）、乗員2＋乗客8

▼パイアセッキUHP-2リトリーバー　　　　　　　　（写真：アメリカ海軍）

［データ：パイアセッキUHP-2リトリーバー］メインローター直径10.67m、全長17.35m、全高4.01m、メインローター回転円盤面積89.4m^2×2、空虚重量1,874kg、最大離陸重量2,767kg、エンジン　コンチネンタルR-975-46A（410kW）×1、最大速度91ノット（169km/h）、実用上昇限度3,050m、航続距離300海里（302km）、乗員2

▼パイアセッキCH-21Cショウニー/ワークホース　　　（写真：アメリカ空軍）

［データ：パイアセッキCH-21Cショウニー/ワークホース］メインローター直径13.41m、全長16.00m、全高4.80m、回転円盤面積141.2m^2×2、空虚重量4,060kg、総重量6,895kg、エンジン　ライトR-1820-103（1,063kW）×2、最大速度110ノット（204km/h）、実用上昇限度2,880m、航続距離230海里（426km）、乗員3〜5＋兵員20

Ⅲ-15 タンデムローター形式（2）

タンデムローター機はイギリスと旧ソ連でも開発されましたが、成功を収めたのはアメリカだけでした。

イギリスとソ連も挑戦

●ブリストル・タイプ173

　イギリスのブリストルが開発し1952年1月3日に試作機が完成したレシプロ双発の研究ヘリコプターです。軍が関心を示したものの、量産には至りませんでした。しかし、改良発展型のベルベデーレの開発へとつながりました。パイアセッキは各種機種を生産中の1956年に経営に不祥事があって経営陣が総退陣する事態となり、新たな出資を得るなどしたあとパイアセッキ・ヘリコプターはバートル・エアクラフトに社名を変更し、さらにボーイングに吸収されていますが、タンデムローター形式機の伝統は受け継がれています。

●ブリストル・タイプ192ベルベデーレ

　タイプ173をベースに作られた、イギリス唯一のタンデムローター量産機です。1968年7月5日に初飛行して、大型輸送ヘリコプターとしてイギリス空軍が導入し、製造物資空中投下や傷病兵後送に使用することとしました。完全武装兵員18人あるいは貨物2,700kgという大きな搭載能力を有したベルベデーレは、イギリスで唯一量産化されたタンデムローターのヘリコプターですが、製造機数は26機と成功は収められませんでした。アメリカの同種ヘリコプターに対する大きな特徴の1つはエンジンをターボシャフトにしていたことでしたが飛躍的な性能向上は見られませんでした。

●ヤコブレフ Yak-24"ホース"

　旧ソ連でもヤコブレフ設計局がレシプロ双発のタンデムローター機を開発し、1952年7月3日に初飛行させました。これがYak-24"ホース"で、1958年まで飛行試験が続けられましたが、思うような成果が得られなかったためか、量産には移行しませんでした。

III-15 タンデムローター形式（2）

▼ブリストル・タイプ173　　　　　　　　　（写真：Wikimedia Commons）

［データ：タイプ173 Mk2］メインローター直径14.81m、全長16.82m、全高4.57m、メインローター回転円盤面積172.3m²×2、空虚重量3,547kg、総重量4,490kg、エンジン エルビス・レオニダスメジャー（410kW）×2、巡航速度100ノット（185km/h）、航続距離161海里（298km）、乗員2＋乗客13

▼ブリストル・タイプ192ベルベデーレHC.Mk1　　　（写真：ブリストル）

［データ：ベルベデーレHC.Mk1］メインローター直径14.91m、全長16.56m、全高5.18m、メインローター回転円盤面積174.6m²×2、空虚空量5,148kg、最大離陸重量8,618kg、エンジン ネイピア・ガゼル（1,092kW）×2、最大巡航速度120ノット（222km/h）、実用上昇限度3,700m、最良上昇率 毎分1324m、航続距離400海里（742km）、乗員3＋完全武装兵員19

▼ヤコブレフ Yak-24"ホース"　　　　　　（写真：Wikimedia Commons）

［データ：ヤコブレフYak-24"ホース"］メインローター直径12.00m、全長34.03m、全高6.50m、メインローター回転円盤面積113.1m²、空虚重量11,000kg、最大離陸重量15,830kg、エンジン シュベツオフASh-82V（1,300kW）×2、最大速度94ノット（174km/h）、実用上昇限度4,000m、最良上昇率 毎分189m、航続距離210海里（389km）、乗員3＋兵士19

III ヘリコプターの各種形態

115

Ⅲ-16 タンデムローター形式（3）

タンデムローター形式はパイアセッキからバートル、ボーイングへと受け継がれました。

■ CH-47の概要と展開

　ボーイングが開発し1961年9月27日に初号機が初飛行したのがモデル114/YCH-1Bで、量産型にCH-47チヌークの名称が付与されました。現時点で最新のタンデムローター大型機であり、また今日でもこの形式の頂点にある機種といえます。おもな用途は兵員・物資輸送でアメリカ陸軍が主たる運用者で、兵員ならば機内に最大で55人、貨物ならば最大で10tの搭載能力があり、また胴体下面には3カ所のカーゴフック・ポイントがあって、同時に使っての吊り下げ空輸も可能です。初飛行から間もない1962年にはアメリカ陸軍で就役を開始し、折からのベトナム戦争に投入されて、ベトナムにおけるヘリコプター空輸の概念を大きく変えました。さらに近年までアメリカが関与した戦いのほとんどで、実戦使用されています。

　輸送型の最新タイプがCH-47Fで、エンジンをパワーアップ型にしたほか、先進型チヌーク用ローター・ブレードによる飛行性能の向上、操縦装置の近代化、電子飛行計器システムによるグラス・コクピットの導入などが行われています。チヌークにはアメリカ空軍の特殊作戦部隊向けのHH/MH-47などの派生型があり、それらの主要なタイプにはCH-47Fと同様のアップグレードが行われています。またボーイングはモデル234コマーシャル・チヌークの製品名で民間の旅客輸送型のマーケティングを行い航続距離延長型（234ER）、長距離型（234LR）、多用途型（234UT）を提示しましたが、民間機としては成功を収められませんでした。

　アメリカ陸軍は現在、将来垂直持ち上げ機（FVL）計画として現有のヘリコプター全機種を新型機に置き換えようとしていますが、ボーイングはCH-47の後継となる統合多任務機（JMR）ヘビィができるのは2060年になるとしており、いちばん時間がかかるようです。

III-16　タンデムローター形式（3）

▼ボーイング・バートルYCH-1B

のちのH-47チヌークの試作機となったボーイング・バートルYCH-1B。1961年9月21日に初飛行した（写真：ボーイング・バートル）

▼CH-47JA

（写真：陸上自衛隊）

[データ：CH-47F] メインローター直径18.29m、全長29.87m、全高5.77m、メインローター回転円盤面積262.7m^2×2、空虚重量11,148kg、最大離陸重量22,680kg、エンジン ハニウェルT55-GA-414A（3,529kW）×2、最大速度170ノット（315km/h）、実用上昇限度6,100m、最良上昇率 毎分464m、航続距離400海里（741km）、乗員3＋兵員33〜55

Ⅲ-17 並列双ローター形式

主翼の両端にメインローターを配置するのが並列双ローター形式で、大型ヘリコプター向けの設計ですが実用機は誕生しませんでした。

並列双ローター形式の概要と代表機種

　機体の前後方向に2つの独立したメインローターを有するのではなく、左右横並びに配置する形式です。とはいっても、胴体のように長く延びているコンポーネントはヘリコプターにはなく、また左右の間隔を大きくとる必要があるので、胴体に主翼を取りつけてその両端にポッド式でエンジンを装着し、その上でそれぞれがメインローターを回転させるというスタイルをとることになります。その結果、タンデムローター機と同様に大型のヘリコプターとなり、唯一この方式で完成した旧ソ連のミルV-12（Mi-12"ホーマー"は最大ペイロード4tで総重量は10tを超えるものとなりました。胴体部を客席にして旅客機にすることも可能とされて最大で196席を設けられました。これだけの大型機ですから、垂直に離着陸させるにはエンジンやローター・システムは強力なものが必要となり、エンジンの最大出力は4,800kWもあって直径35mのメインブレード・メインローターを駆動しました。4基のターボシャフトエンジンは、2基を横並びで一組にしてポッドに収めて取りつけられました。双方のエンジンは主翼内を走る同調軸により結ばれていて、左舷側ローターは反時計回りに、右舷側ローターは時計回りに回転することでトルク力を相殺しました。

　Mi-12は1967年6月27日に初浮揚しましたが本格的な飛行には至らず、実際の初飛行は1968年7月10日でした。この超大型ヘリコプターの開発目的は、ミサイル発射基地近くの飛行場まで大型輸送機で空輸した大陸間弾道ミサイル（ICBM）を発射施設まで運び込むことでした。その能力を実証するためにMi-12は、1969年2月と8月に搭載重量-高度の世界記録をいくつか樹立しています。しかし一方で大きすぎるため運用で扱いにくい点が多々あり、また遠く離れた左右のローターを扱うシステムが複雑だったことなどから1機が作られただけで1970年にはプロジェクトはキャンセルとなりました。

Ⅲ-17 並列双ローター形式

▼ミル V-12（Mi-12"ホーマー"）

（写真：Wikimedia Commons）

［データ：ミル V-12（Mi-12"ホーマー"）］メインローター直径35.00m、全長37.00m、全高12.50m、メインローター回転円盤面積962.1m^2×2、空虚重量69,100kg、最大離陸重量10,500kg、エンジン ソロビエフD-25VF（4,800kW）×4、最大速度140ノット（259km/h）、実用上昇限度3,500m、ホバリング高度限界10m（地面効果内）/600m（地面効果外、航続距離270海里（500km））、乗員6＋69乗客最大196

▼ミル V-12

ミル V-12（Mi-12"ホーマー"）は野心的な超大型ヘリコプター設計機だったが実用性を見いだすことはできず、開発はすぐに中止された（写真：ミル設計局）

Ⅲ-18 ティルトローター（1）

ヘリコプターと固定翼機のよいとこどりをもくろんだ形式がティルトローター機です。

■ ティルトローター機の概要

　エンジンについているプロペラ（あるいはローター）の回転面の角度を変えることで、ヘリコプターのような垂直離着陸を可能にし、一方で固定翼機のような高速飛行能力を兼ね備えさせるという発想から生みだされた形態の航空機で、ローターが傾く（Tiltする）ティルトローター機で、構想自体は第二次世界大戦前のイギリスと大戦中のドイツで誕生しています。

　第二次世界大戦後の1945年にはアメリカのトランスセンデンタル（のちのパイアセッキ）社がモデル1Gと名づけた世界初のティルトローター機の飛行に成功させました。以後、ベル社を中心にいくつかの試験機が作られて研究が続けられ、エンジンとプロペラ全体を動くようにしたドアクVZ-4（1958年2月25日初飛行）、プロペラ全体を大きなリングで囲ってダクテッド式4発機としたベルX-22（1966年3月17日初飛行）などが作られています。

　そして1977年5月3日に初飛行したベルXV-15で、近代的でかつ実用性が見込める機体が完成しました。それまでのティルトローター機が、エンジンは主翼に固定したままでローター回転軸だけをティルトさせていたのとは異なり、XV-15は、左右主翼端につけたエンジン・ナセル全体を動かして回転面の角度を変えるという方式にしました。重いエンジン全体を動かすには大きなパワーが必要となりますが、左右同調させて角度を変える機構は簡素化でき、信頼性も高められました。このXV-15の方式に十分な実用性があると評価されたことで、初の実用ティルトローター機として開発されたベル/ボーイングV-22もこの方式を採用したのです。なおティルトローター機に使われている回転面については、固定翼機のプロペラと回転翼機のメインローター双方の機能を発揮することから、**プロップローター**と呼ばれています。

III-18 ティルトローター（1）

▼トランスセンデンタル・モデル1G

（写真：トランスセンデンタル）

[データ：トランスセンデンタル・モデル1G] プロップローター直径5.18m、翼幅6.40m、全長7.92m、全高2.74m、主翼面積5.9m^2、プロップローター回転円盤面積21.1m^2×2、空虚重量658kg、総重量794kg、エンジン ライカミングO-290-A（120kW）×2、最大速度140ノット（259km/h）、実用上昇限度1,524m、航続時間1時間30分、乗員1

▼ベルXV-15

（写真：NASA）

[データ：ベルXV-15] プロップローター直径7.62m、全幅17.42m、全長12.83m、全高4.67m、主翼面積15.7m^2、プロップローター回転円盤面積45.6m^2×2、空虚重量3,431kg、最大離陸重量6,804kg、エンジン ライカミングLTC1K-4K（1,160kW）×2、最大速度332ノット（615km/h）、実用上昇限度8,800m、ホバリング高度限界3,200m（地面効果内）/2,637m（地面効果外）、航続距離445海里（824km）、収容力乗員2＋客席9

III ヘリコプターの各種形態

121

III-19 ティルトローター（2）

最初の実用ティルトローター機は軍用のV-22オスプレイで、イタリアでは民間ティルトローター機の開発が続けられています。

唯一の実用機はオスプレイ

　世界初の実用ティルトローター機が、ベルとボーイングが共同で開発したV-22オスプレイです。アメリカ陸・海・空軍共同の新垂直陸機（JVX）計画でしたが、すぐに陸軍と海軍が脱退したため、アメリカ海兵隊が装備の主体となっています。XV-15と同様に主翼の両端にエンジンを取りつけて、プロップローターとともに回転する機構を用いています。試作機は1989年3月19日に初飛行して、まず海兵隊の強襲揚陸支援型MV-22Bが2007年に就役しました。続いて空軍特殊戦部隊支援型のCV-22Bが2006年に実用配備され、2015年には装備を取り止めていたアメリカ海軍も、本来の目的とはまったく異なる空母艦隊支援機としての採用を決めて、CMV-22Bとして2021年に運用を開始しました。アメリカ以外では日本が唯一の購入国となっていて、平成27（2015）年度予算で購入経費を初計上して平成30（2018）年度までで17機を調達しています。運用するのは、陸上自衛隊です。陸上自衛隊ではオスプレイをたんにV-22と呼んでいますが、機体の構造やシステム、装備品は基本的にアメリカ海兵隊のMV-22Bと同じです。

　ベルとイタリアのアグスタ（現レオナルド）は1996年に、XV-15の技術を活用した民間型ティルトローター機BA609の共同開発に着手しましたが、1998年にベルが計画を離れたためアグスタが単独でプログラムを推進し、アグスタのウエストランドとの合併により製品名をAW609に変更して、今も開発作業を継続しています。AW609の初飛行は2003年3月7日で、2014年6月までに1,900時間以上の飛行試験を行っていて、固定翼機と回転翼機双方の多くの基準をクリアしているのですが、民間型式証明は取得できていません。これは、民間の証明規定にティルトローターの項目がないためで、これがAW609の実用化に向けての大きな妨げになっています。

Ⅲ-19 ティルトローター(2)

▼ベル/ボーイングMV-22Bオスプレイ

アメリカ海兵隊の強襲揚陸支援輸送型MV-22B。アメリカ海兵隊はオスプレイを最初に実用配備した軍である(写真:アメリカ海軍)

[データ:ベル/ボーイングMV-22B] プロップローター直径11.58m、翼幅13.97m、全長17.48m、全高6.73m、主翼面積28.0m^2、プロップローター回転円盤面積45.6m^2×2、空虚重量14,432kg、最大離陸重量27,442kg、エンジン ロールスロイスT406-AD-400(4,586kW)×2、最大速度305ノット(565km/h)、実用上昇限度7,600m、最良上昇率毎分707〜1,219m、航続距離879海里(1,628km)、機内兵員最大搭載数34

▼レオナルドAW609

(写真:レオナルド)

[データ:レオナルドAW609] プロップローター直径7.90m、全幅18.29m、全高4.60m、プロップローター回転円盤面積49.0m^2×2、空虚重量4,765kg、最大離陸重量7,620kg、エンジン プラット&ホイットニー・カナダPT6C-67A(1,447kW)×2、最大速度275ノット(509km/h)、実用上昇限度7,620m、航続距離750海里(1,389km)、収容力パイロット2+乗客6〜9

Ⅲ-20 ティルトローター（3）

ベルはアメリカ陸軍向けの新型ティルトローター機の開発を進めていて、2030年代の実用化を目指しています。

■ 新ティルトローター機の概要

　ティルトローター機の開発のほか、試験、そして実用化で豊富な経験と実績を有するベル社が単独で開発を進めている新ティルトローター機がV-280バローで、2017年12月18日に試作機が初飛行しました。主翼の両端にエンジンを装備しているのはV-22オスプレイと同じですが、V-280ではエンジンは固定されていて、プロップローターの回転軸だけが地面に対して水平から垂直の間でティルトする方式が採られています。これはベル最初のティルトローター機であるXV-3（1955年8月11日初飛行）と同じ手法で、それだけを見ると先祖返りといえなくもありませんが、開発時期には半世紀以上もの開きがあり、その間の技術進歩を考えれば、もちろんまったくの別物に仕上がっています。V-280は、アメリカの将来もち上げ機（FVL）計画の統合多任務（JMR）機の技術実証機として開発されているもので、現用中のシコルスキーUH-60ブラックホークの後継となるJMR-中・軽機に定義されていて、将来長距離強襲機構想にもとづいたものです。機体形状は陸軍の要求を強く反映したものになっていて、特に機体後方左右から乗り降りを容易にすることを目的に、V字型の尾翼を採用したのが大きな特徴1つです。このV字尾翼には、固定翼機でいう方向舵と昇降舵を兼ねた機能をもつ**ラダベーター**があって、新たな飛行操縦翼面として機能します。飛行操縦装置は三重の冗長性をもたせたフライ・バイ・ワイヤで、操縦室には計器盤全面をカバーする大画面のから液晶表示装置が装備されています。

　降着装置は尾輪式3脚で、いずれもが巡航飛行時には胴体に完全に引き込むことができます。また胴体下面には、2連のカーゴフックがついています。V-280は陸軍の要求にのみ応じて開発されていますので、現時点では空軍や海軍での導入は考えられていません。

III-20 ティルトローター(3)

▼ベルV-280バロー

(写真:アメリカ陸軍)

▼オスプレイとはかなりの違いがあるベルV-280バロー

V-280のティルトローター方式はエンジン全体を動かすV-22とは異なり、プロップローターの回転軸だけを動かすメカニズムである(写真:ベル)

[データ:ベルV-280バロー] プロップローター直径10.67m、全幅24.93m、全長15.39m、全高7.01m、空虚重量8,200kg、最大離陸重量14,000kg、エンジン ロールスロイスAE1107F(4,586kW)×2、巡航速度280ノット(519km/h)、実用上昇限度1,800m(地面効果外)、戦闘行動半径500〜800海里(926〜1,482km)、乗員4

Ⅲ-21 ティルトウイング

エンジンのついた主翼全体を動かすのがティルトウイング機で、過去に研究機は作られていますが、実用機はまだありません。

ティルトウイングの最新動向

　ティルトウイングでは大きく重い主翼を動かすので、ティルト機構の動力には大きなパワーが必要です。この方式を用いて最初に作られたのがカマンK-16で、グラマンJRFグースを改造したものでしたが、飛行することはありませんでした。続いてアメリカ空軍と海軍が共同研究プログラムとしてヒラーにX-18研究機を製作させて1959年11月24日に公式に初飛行しましたが、飛行特性がきわめて不安定で、実用性はないと判断されました。しかしアメリカ海軍は、空母から運用する艦上輸送機には適するのではないかと考え、LTVにXC-142の開発を指示して、1964年9月29日に初飛行しました。XC-142は5機が作られて飛行試験を続けましたが、技術的に改良しなければならない問題が多く、また研究に加わった空軍と陸軍も含めて、この種の航空機の必要性に疑問がもたれるようになって、1967年8月に作業を終了しました。

　2024年2月27日にシコルスキーは、将来の垂直離着陸機として、「ハイブリッド電気垂直離着陸デモンストレーター(HEX/VTOL)の研究を進めることを明らかにしました。動力には1.2MW級のターボジェネレーターと関連する電気動力を用いて、高速飛行で500海里(926km)以上の航続距離性能を有するとともに、ホバリングなども可能にし、少ない部品構成により複雑化の回避と整備経費の低下を図るとしています。あわせて公表された想像図や模型では、通常形式のヘリコプターに加えて2シフのティルトウイングによる機体構成が示されていて、中型の双発機はT字型尾翼が、それよりも大きな4発機では垂直尾翼の中央に水平尾翼をつけた通常形式の尾翼設計が採られています。今後の開発スケジュールや具体的な機体規模、ファミリー構成などはまったく示されていませんが、ティルトウイング方式の実用機が完成するのか、興味がもたれるところです。

Ⅲ-21　ティルトウイング

▼ヒラーXC-142A

(写真：NASA)

[データ：ヒラーXC-142A] プロップローター直径4.72m、全幅20.57m、全長17.70m、全高7.95m、主翼面積49.7m²、プロップローター回転円盤面積17.5m²×2、空虚重量10,249kg、最大離陸重量20,185kg、エンジン ジェネラル・エレクトリック T64-GE-1 (2,300kW)×2、最大速度375ノット(695km/h)、実用上昇限度7,620m、最良上昇率 毎分207m、戦闘航続距離200〜410海里 (370〜761km)、収容力乗員2＋完全武装兵員32

▼将来の垂直離着陸機HEX/VTOLの模型

シコルスキーが発表したティルトウイングを用いた将来の垂直離着陸機の模型。双発と4発がある (写真：ロッキード・マーチン)

127

III-22 チップジェット式

メインローターのブレード先端に小型の推進装置を埋め込んで回転速度の高速化を実現しようとした方式ですが、今日では話題にすらのぼらない技術になっています。

■ チップジェット式の概要

　エンジンの出力に頼らずにメインローターの回転数を増加してヘリコプターの飛行能力を高めようというのがチップジェット式と呼ばれるもので、メインローター・ブレードの先端に小型のジェット・エンジンを内蔵するというものです。これまでに、次の２機種が作られています。

●ヒラーYH-32ホーネット

　1950年に初飛行した単座の研究試作機で、２枚のブレード先端にはそれぞれ推力0.18kNのラムジェットが収められ、これにより出力33.6kWのエンジンでメインローターを回転させるのと同じ回転運動が得られました。

●フェアリー・ロートダイン

　1957年11月6日に初飛行した50席級旅客機を目指したもので、４枚ブレードのメインローターの先端内にはそれぞれ推力4.4kMの小型ジェットを内蔵して、高速でメインローターを回転させました。ただ機体には主翼があって、その上に２基のターボプロップ・エンジンを備えてそこから飛行の推進力を得ましたので、実体は次項で記すコンパウンド方式のヘリコプターと呼べるものです。離陸は小型ジェットが回すメインローターの回転で得られる揚力を使って行い、速度が95～200km/hに達したらターボプロップ・エンジンのみによる巡航飛行に入って揚力は主翼から得ました。イギリスでは購入を希望する企業もあったのですが、製造に参画する企業の経営状態が芳しくなく、さらにはブレード先端のジェット・エンジンと推進用エンジンの双方がパワー不足という問題があって、1962年に開発は中止されました。またブレード先端のジェット・エンジンと推進用ターボプロップの双方がパワー不足という問題もあって、1962年に開発は中止されました。

III-22 チップジェット式

▼ヒラーYH-32ホーネット

(写真：ヒラー)

[データ：ヒラーYH-32] メインローター直径7.01m、全長7.21m、全高2.39m、メインローター回転円盤面積38.6m^2、空虚重量247kg、総重量490kg、エンジン ヒラー8RJ2B（0.18kN）×2、巡航速度60ノット（111km/h）、実用上昇限度2,103m、最良上昇率毎分213m、航続距離24海里（44km）、乗員1

▼フェアリー・ロートダイン

(写真：フェアリー)

[データ：フェアリー・ロートダイン] メインローター直径27.43m、翼幅14.17m、全長17.88m、全高6.76m、主翼面積44.1m^2、メインローター回転円盤面積579.4m^2、空虚重量9,979kg、総重量14,969kg、エンジン ネピア・イーランドNEl.7（2,100kW）×2＋チップジェット（4.4kN）×4、最大速度165.9ノット（314km/h）、実用上昇限度3,962m、航続距離3,900海里（7,223km）、収容力 乗員2＋9乗客40～48

129

III-23 コンパウンド（複合）ヘリコプター

メインローターとはほかに推進専用の装置を組み合わせたのがコンパウンド・ヘリコプターと呼ばれるタイプで、実用機はまだ作られていません。

コンパウンドヘリコプターの試作機

　メインローターを駆動するエンジンと別の推進装置を備えたヘリコプターで、高速飛行を研究するなどの機種がありました。実用機はありませんので、次の機種についてだけ簡単に記しておきます。

●ロッキードAH-56シャイアン
　アメリカ陸軍の発達型空中火力支援システム（AAFS）計画で採用された武装ヘリコプターで1967年9月21日に初飛行しました。ジェネラル・エレクトリックt34エンジンがメインローターと推進用プロペラの双方を駆動し、すぐれた高速飛行能力と運動性をもたらしましたが、1972年に量産を行わないことが決められました。

●シコルスキーS-72
　アメリカ航空宇宙局（NASA）によるローター・システム研究機（RSRA）として作られて、1976年10月12日に初飛行しました。メインローターを駆動するジェネラル・エレクトリックT58ターボシャフトと推進専用のジェネラル・エレクトリックTF34ターボファンの2種のエンジンを備え、将来のヘリコプター向けメインローターの各種研究に用いられました。のちにメインローターは外されてX字型の固定翼に置き換えられ、1986年にターボファンのみで飛行するX翼研究機として完成しました。

●ユーロコプターX3
　ユーロコプターEC155を改造したヘリコプター高速飛行研究機で、胴体に主翼をつけてその両端にメインローターと同じエンジンで駆動する5枚ブレードの牽引式プロペラを備えました。

Ⅲ-23 コンパウンド（複合）ヘリコプター

▼シコルスキーS-72

（写真：シコルスキー）

[データ：シコルスキーS-72] メインローター直径18.90m、全幅13.74m、全長21.51m、全高4.42m、主翼面積34.4m²、空虚重量9,535kg、最大離陸重量11,884kg、エンジン ジェネラル・エレクトリックT58-GE-5（1,000kW）×2＋ジェネラル・エレクトリックTF34-GE-400A（41.3kN）×2、最大速度300ノット（556km/h）

▼ユーロコプターX3

（写真：Wikimedia Commons）

[データ：ユーロコプターX3] メインローター直径12.60m、メインローター回転円盤面積124.7m²、総重量5,200kg、エンジン ロールスロイス/チュルボメカRTM322-01/9a（1,693kW）×2、最大速度255ノット（472km/h）、実用上昇限度3,810m、乗員2

memo

第IV章

ヘリコプターの用途（民間）

　ヘリコプターはそのユニークな飛行特性から、幅広い用途で使用されていて、なかには身近なものもあります。まずは、民間での主要な用途を紹介します。

Ⅳ-1 物資輸送

物資輸送はヘリコプターのお家芸の1つで、特に機外への吊り下げ輸送能力はあらゆる場面で重宝しています。

物資輸送と使われる機種

　民間の事業用ヘリコプターが行う業務のなかで、もっとも規模が大きいものの1つが物資輸送で、陸路などでは輸送できないものを、おもにヘリコプターの吊り下げ能力を活用して輸送するものです。特に国土面積の約75％を山岳地が占める日本では、そのような場所での建設を支援するのに欠かせない業務になっています。

　建設されるおもなものは山小屋や旅館、そして送電線用の鉄塔などで、各部を構成する部材は大型でまた重く、ヘリコプターでの空輸がもっとも効率的となります。建設期間は、建てるものにもよりますが数カ月におよぶものもあり、多くの場合、作業現場近くに臨時の仮設ヘリポートを建設し、燃料なども貯蔵して活動拠点とします。気象衛星の発展で今日では使用廃止となりましたが、気象庁が富士山山頂に設置した気象レーダーも、大型ヘリコプターの物資輸送能力がなければ建設できなかったものの1つです。ユニークなものでは、NHKの『プロジェクトX』で放送されましたが、明石大橋の建設にあたりAS332Lシュペルピューマが吊り下げ飛行で橋脚間のワイヤ架け渡しを行いました。

　物資輸送に使われる機種は、基本的には大型の重輸送ヘリコプターですが、場所によっては大きすぎて作業現場の規模にあわないケースもでますので、適材適所で選ばれます。機体にはバックミラーがついてはいますが、吊り下げ物資はパイロットが目視しにくいため常に副操縦士が目視確認しつつ、パイロットに適切な指示をだすというチームワークも重要となる作業です。このあとでも記しますが、従来ヘリコプターを使用してきた業務のいくつかが、今日では無人航空機に置き換えられつつあります。しかし大型物資の空輸には、まだまだ有人ヘリコプターが必要です。

Ⅳ-1　物資輸送

▼富士山山頂への物資輸送

建設中の富士山頂レーダー。1964年から1999年にかけて運用された。大きなレドームの骨組みを運ぶのはシコルスキーS-62
(写真：大成建設)

▼建設現場への物資輸送

山岳地に設けられた東海工営の建設現場に物資輸送を行う新日本ヘリコプターのアエロスパシアルAS332L1
(写真：東海工営)

Ⅳ　ヘリコプターの用途（民間）

Ⅳ-2 人員輸送

固定翼機に比べると搭載力や航続力で劣るヘリコプターですが、人員輸送でも活躍の場がいくつかあります。

人員輸送業務の実例

　ヘリコプターによる旅客機のような定期人員輸送を行うという構想は決して新しいものではありません。ただ航続距離が短いため地域（コミューター）航空のような路線の運航になり、このことからこうした用途は**ヘリコミューター**とも呼ばれました。ヘリコミューターは1960年代から始められはしましたが、成功を収めたものはほぼ1つもないといえます。最大の壁はコストで、算出方法にもよりますが、機体自体の価格や燃料代、維持・管理費などをあわせると固定翼機の5倍以上かかり、これはそのまま運賃に跳ね返るので、利用者は増えませんでした。また固定翼機に比べると悪天候に弱く、定期運航の信頼性に欠けるという面もあり、その多くは長続きはしませんでした。例外ともいえるのが、東京都島しょ振興公社からの委託により、東邦航空が運航している「東京愛らんどシャトル」です。青ヶ島、御蔵島三宅島、伊豆大島、利島と行った島嶼部を結ぶヘリコミューターで、1993年に運航が開始されて30年余りを経過した今日も運航を続けています。

　人員輸送業務で成功を収めているのが、石油開発支援での人員輸送です。海底の油田を掘り起こすために洋上に設けられた掘削リグと地上の間を行き来して、作業員や補給物資などを運搬するという業務です。掘削リグは多層階構成になっていて、その最上部あるいは最上部近くには大きなヘリパッドが設けられていて、垂直離着陸を可能にしています。この運航では、競争相手は比較的小型の船舶となり、いくらヘリコプターの速度が遅いとはいっても、船に比べれば圧倒的に高速ですから効率性にすぐれた運航ができ、結果としてコストは下がります。また船が欠航せざるをええないような高波が起きていても、ヘリコプターには関係ありませんから、その運航は高評価を得て需要が高まりました。

Ⅳ-2 人員輸送

▼ヘリコミューター運航

東京愛らんどシャトルが使用しているレオナルドAW139。写真は持続可能な航空燃料(SAF)による飛行試験時のもの(写真：三井物産)

▼石油開発支援

海洋石油掘削リグのプラットホームから離陸した12〜18席級の人員輸送機エアバスH-175
(写真：エアバス・ヘリコプターズ)

Ⅳ-3 薬剤散布

古くからあるヘリコプターの業務の1つが薬剤散布で、まだなくなることはないでしょうが、無人機の進出が著しい分野です。

薬剤散布の作業内容

　ヘリコプターが実用化されてから、民間向け事業での代表的な用途となっているのが、農薬などの薬剤散布です。広大な田畑への農薬など散布には手間暇がかかりますが、ヘリコプターで上空から一気にまけば作業は短時間で終わりますので、非常に高い需要がありました。他方、物資輸送のような長期間の作業ではなく作業の季節がかぎられていて、また個々の現場の規模が小さいことから臨時ヘリポートを設けることができません。このため1960年代から80年代までの日本では、作業に要する一週間程度の短期間だけ作業場所近くの学校の校庭などを借用し、土埃が舞わないよう畳を敷いて仮設の離着陸場を設けるといった光景が、各地で見られました。

　ただ今日では、特に農薬散布の需要が減ってきています。その背景の1つには、農薬を使わない有機農法を行う農家が増えたことがあり、農薬を使う農家と使わない農家の田畑が隣接している場合には、使わない農家の側に農薬が行かないようにしなければなりません。このため空中からある程度大雑把に散布する、ということができなくなります。ヘリコプターでの散布はある程度以上の面積がなければ費用対効果は下がりますので、農薬を使う農家がまとまっていることが作業の1つの条件になります。また無線操縦による無人の農薬散布も普及も有人ヘリコプターの需要を低下させています。SUBARUやヤマハ発動機が開発した機種がすでに実用化されていて、有人機よりもはるかに安価で作業が行えますが、機体が小型なので広範囲の作業には向いていません。

　薬剤散布作業でもう1つ重要なのが森林保護で、森林地帯への松食い虫用薬剤の散布は1970年代から毎年一定の規模で作業が進められています。こちらにも無人ヘリコプターの導入が始まっていますが、飛行高度や作業効率などの面では、まだ有人機に分があるようです。

IV-3 薬剤散布

▼農薬散布

スプレー・バーをつけて農薬散布を行うロビンソンR22。この作業には一般的に、単発の小型機が用いられる（写真：Wikimedia Commons）

▼松食い虫用薬剤の散布

熊本県あさぎり町の山岳地帯で、高高度から松食い虫用薬剤の散布を行うアエロスパシアルAS350B（写真：あさぎり町）

IV-4 救急医療業務（EMS）

近年特に評価され、また普及しているのがEMSです。どこにでも行けそして空を飛ぶことができるヘリコプターは、緊急の医療支援活動に理想的な存在です。

日本とドイツの救急医療業務例

　日本では**ドクターヘリ**の呼び方が広く使われているヘリコプターによる医療支援活動は、英語ではEMS（Emergency Medical Service）といい、世界中で定着しています。日本では、ドクターヘリは「空飛ぶ救急車」との認識が強いのではないかと思います。負傷者などがいる現場に病院からヘリコプターが急行して病院に運ぶというものです。もちろん、それは間違いではなく、また世界各地にそうした使われ方をしているEMSヘリコプターが存在しています。ただEMSヘリコプターの運用は、各国の国土や医療条件などにあわせるべきものであり、その運用方法にさまざまな種類も存在しています。

　たとえばドイツは、国土面積は日本とほとんど同じですが、そのうち森林地帯は約30％で、これも含めて全体の6割が平地です。また北側が海に面しているとはいえ島は少なく、地理環境は日本とかなり異なっています。このためドイツは、全国的なEMSヘリコプターの運用ネットワークが確立されていますが、独特な運用も行われています。たとえば高速道路で事故が起きた場合、EMSヘリコプターの運用機能がある最寄りの病院連絡が行くのは日本などと同じですが、その病院のEMSヘリコプターは医師と看護師を事故現場に運びます。そして到着した医師は、その場所で必要な応急処置を施します。その間に陸上の救急搬送（救急車など）の手配が行われて、処置を終えた患者を病院に運びます（それがほかのEMSヘリコプターになることもあります）。

　このようにドイツでは、最初に緊急出動したEMSヘリコプターが患者を病院に連れ帰ることはあまりなく、現場での応急処置に活動の重点が置かれているのです。一般的にEMSヘリコプターには、担架の収容力、機内で処置するための最低限の医療設備が備わっていますが、それは機内スペースの制約に従わざるをえません。

Ⅳ-4 救急医療業務（EMS）

▼ロンドン航空救急隊

公園の芝地に着陸するロンドン航空救急隊のMDヘリコプターズMD-900エクスプローラー（写真：Wikimedia Commons）

▼ドイツ航空救助

ドイツ航空救助（DRF Luftrettung）が運用しているエアバスH145。胴体最後部のクラムシェル扉はこの用途に適した装備だ（写真：DRF Luftrettung）

IV-5 沿岸・海洋警備

領海を有する国にとって重要なのは、その全域の監視であり、また海難事態への対応です。そのための国家機関も、ヘリコプターを運用しています。

沿岸・海洋警備に向いている機種

　日本の海上保安庁やアメリカの沿岸警備隊をはじめとして、世界各国は国家の機関として、**領海監視**や**海上警備**などを任務とする非軍事の組織を有しています。その任務範囲は広く、海洋交通の秩序の維持を基本任務としつつ、他国などの船の領海への接近の監視や進入の阻止・退去の要請、密入国の阻止行動から漁業資源の保護や海洋汚染の監視・取り締まり、洋上での不法取引の摘発なども含まれています。もちろん、海難事故や災害発生時などに際しての捜索・救難も重要な任務です。日本やアメリカでは、多様な事態に対応できるよう、複数のタイプのヘリコプターを装備しています。

　アメリカの沿岸警備隊や日本の海上保安庁はこうした活動のために固定翼と回転翼双方の航空機を保有していますが、組織規模が小さい国でもヘリコプターを装備している国は少なくありません。固定翼機は高速で航続距離が長いため、長距離や広範囲のパトロール、事故現場や被災地などへの迅速な監視・確認対応に用いられます。ヘリコプターは、活動に小回りがききますので救助はもちろん、海上で広範な用途に使用されます。

　進出に時間がかかるヘリコプターの活動を支えるため、海上保安庁の巡視船にはヘリコプターを搭載できるものもあって、2機を乗せられる**ヘリコプター搭載大型巡視船（PLH：Patrol vessel Large with Helicopter）**と呼ばれています。また海上保安庁では、排水量が30,000tを超す多目的巡視船の建造に着手して、令和11（2029）年度の就役を目指しています。これまでのPLHが6,500t級でしたからその4.5倍以上の超大型艦となり、搭載可能なヘリコプターの機数は示されていませんが、緊急時には10,000人の人員の収容を可能にするとされています。

Ⅳ-5　沿岸・海洋警備

▼遭難者の救出

荒れた海上で遭難者の救出を行うアメリカ沿岸警備隊のHH-60Jジェイホーク
(写真：アメリカ沿岸警備隊)

▼麻薬密輸取り締まり訓練

フロリダ沖で警備艇USCGガラティンと共同で麻薬密輸取り締まり訓練を行う、アメリカ沿岸警備隊のMH-90(写真：アメリカ沿岸警備隊)

Ⅳ　ヘリコプターの用途(民間)

143

Ⅳ-6 消防

火災の消火や災害時の救助・救出などで活動するのが消防ヘリコプターで、大規模な火災時などには空中からの大量散水も行います。

消火活動の詳細と機材

　ヘリコプターによる消防活動でまっ先に思い浮かぶのは、火災現場上空から大量の水を投下しての消火作業でしょう。アメリカやヨーロッパでの大規模な森林火災時には、多数のヘリコプターが行き来して散水するニュース映像をするよく目にします。日本では、そのような火災が少ないこともあって事例は多くありませんが、2024年4月29日に宮城県仙台市青葉区で発生した山火事は消火まで21時間がかかり、仙台市消防航空隊のベル412EPを含む4機のヘリコプターが消火活動に加わりました。2024年9月18日に山口県萩市で発生した山火事も5日にわたって燃え続け、山口県の防災ヘリコプターや陸上自衛隊のヘリコプターなどが活動に加わって鎮火しました。

　ヘリコプターによる消火活動は、胴体下に水を入れるバケットを吊り下げて、消火場所の上空でバケットを開いて散水することで行います。このバケットで世界的に有名なのがバンビバケットという製品で、小型機用で約800L、中型機用で約1,600L、大型機用で約5,000Lの容量があり、最大のものでは9,800Lのものもあります。使用後の給水は、陸上で消防車から補給するか、近くの川や湖で補給するかを選べ、状況に応じて適したほうが選択されます。消火にあたっては正確な散水が必要ですが、風があると流されたり散ってしまったりしてしまい効果を低下させます。住宅地では、木造住宅は落下してくる水の圧力に耐えられない可能性がありますので、完全破壊による消火以外では使用しません。また消防ヘリコプターは、火災現場からの人員救助や火災状況の地上への報告なども任務としていて、テレビカメラを搭載し中継機能を有している機種もあります。

　細かなことですが、消防隊が基地から現場などに向かうことは、消防用語では「出動」ではなく「出場」といいます。

Ⅳ-6 消防

▼消火時の給水活動

山林火災の消火活動中に湖に給水パイプを下ろして消火用の水を補給するシコルスキーS-64スカイクレーン（写真：Wikimedia Commons）

▼救出活動のデモンストレーション

被災者の救出活動のデモンストレーションを行う広島市消防局のユーロコプターAS365N3ドーファン2（写真：広島市消防局）

Ⅳ ヘリコプターの用途（民間）

145

IV-7 警察

治安維持や犯罪の抑止、そして時には犯人追跡・逮捕を行うのが警察のヘリコプターです。時として、カーチェイスも行われます。

警察ヘリコプターの任務

　警察は、みずからが遂行する法執行任務活動を支援するために航空機を使用しますが、今日でほとんどの国が運用用途の広いヘリコプターだけの装備になっています。日本では東京都だけが警視庁管轄下の**警視庁航空隊**を独自に編成していて、そのほかの道府県の航空隊は警察庁が購入したヘリコプターの配備を受けて運用を行っています。今日東京警視庁も含めて、航空隊のない都道府県警察はありません。

　警察ヘリコプターのおもな任務はパトロール、犯人の捜索・追跡、交通状況の調査と交通情報の提供、公害事案や産業廃棄物の不法投棄監視、災害時の警備の実施、広報活動などがあります。また消防や防災といった地方自治体の機関と共同での捜索・救難も行います。犯人の追跡活動では、日ごろ地上で行っている活動を逸脱しない範囲に抑制されています。たとえば道路でのパトロールを例にとると、アメリカでは不審車輌を見つけると相手の反応によっては地上のパトカーなども加わって、周りの車への事故被害よりも追跡が優先されるような激しいカーチェイスが行われることがときおりあります。ただアメリカでもめずらしいためなのか、テレビニュースなどで報じられるので見かけることがあります。しかしこうしたことは、日本では発生したことはありません。銃火器の使用についても日本はもちろんきわめて慎重で、警察がヘリコプターから犯人などに向けて発砲した例はありません。ただテロなどの大事件が発生した場合には、特殊部隊（SAT）を現場に向かわせる輸送などをヘリコプターも行うことになっています。事態によっては上空から事件現場の様子を地上に伝える必要もあります。このため一部の機体にはテレビカメラと中継システムが備わっていて、夜間でも画像が得られる赤外線カメラを備えているものもあります。

Ⅳ-7　警察

▼犯人の追跡

アメリカのマサチューセッツ州警察のヘリコプターが上空から捉えたカーチェイスの1シーン。逃亡したグレーの大型車をヘリコプターと警察車輌で追い詰めた（写真：マサチューセッツ警察）

▼警戒・監視用ヘリコプター

中国の遼寧省大連市公安部が運用しているユーロコプターEC155B。公安部とは地域警察のことで、治安維持・統制や犯罪などの警戒・監視といった活動に用いられている（写真：青木謙知）

IV-8 地域防災

災害大国といえる日本は、世界的にはめずらしい、各地方ごとに防災時の対応を受けもつヘリコプターが準備されるという態勢がとられています。

■ 防災ヘリコプターの任務

　残念ながら日本は自然災害大国ともいえる国で、地震や台風・大雨による水害による大きな被害はほぼ毎年発生していますし、ときおり火山の噴火も起こります。このため国民は災害に対して常に高い関心をもち、また対応への知識も有しています。公的な組織でも、ほとんどの都道府県に防災のための機関があって、それぞれが独自に**防災ヘリコプター**を運用しています。このような国は世界を見回しても、ほかにありません。なお、都道府県の政令指定都市に消防航空隊がある自治体では、県の防災と協定を結ぶことで県の防災ヘリコプターは保有しないといったところもあります。

　防災ヘリコプターのおもな任務は、◇**災害救助**、◇**山岳救助**、◇**水難救助**、◇**火災救助**、◇**医療支援**などで、自衛隊や消防・警察などの国の機関と重なる部分が多々あります。もっとも大きな違いは自治体の長があらゆる指示を直接できるので活動開始の制約が少なく、また時間が短縮できることです。たとえば自衛隊に対しては災害派遣要請を行いそれが認められると自衛隊の活動が開始されますが、災害派遣を求めるには被害の状況や規模などが基準を満たしている必要があり、それを満たして要請を行っても、自衛隊内の指揮命令系統を通らなければならず、部隊に命令が行き渡るまでには当然時間がかかります。一方で防災部隊は自治体規模の組織ですから、保有するヘリコプターの能力や隊員の練度などが自衛隊などを下回ってしまうのは致し方ないところです。防災ヘリコプターの特殊な運用では、臓器移植のためにドナーから摘出した臓器を空輸するというものがあります。1999年2月28日には高知県防災のシコルスキーS-76Bが脳死患者から摘出した心臓を大阪に運びました。このとき運搬に要した全時間は、海をまたいでいるにもかかわらずわずかに93分で、ヘリコプターでの航空輸送の高速性が大いに活かされた事例といえるでしょう。

Ⅳ-8 地域防災

▼シコルスキーS-76B

高知県防災が使用していたシコルスキーS-76B。すでに退役ずみだが、心臓移植用の心臓を高知から大阪に緊急空輸するという大役をこなしたこともあった（写真：高知県防災）

▼レオナルドAW139

埼玉県防災のレオナルドAW139。海なし県の埼玉県は湖も少なくまた小さいので、防災ヘリコプターの活動の場はほとんどが陸上となっている（写真：青木謙知）

Ⅳ ヘリコプターの用途（民間）

149

IV-9 パトロール

巡察や目視での作業が困難なパトロール活動にもヘリコプターは使われ、日々の生活をサポートしています。

ヘリコプターがパトロール活動に向いている理由

　ヘリコプターによる仕事で以前から行われているのが、**パトロール**です。パトロールは巡回や見回りといった行動ですが、広義では捜索もパトロールの1つで、たとえば登山者が不明になったときに探すのもパトロールです。

　ヘリコプターを使ってのパトロールで歴史の長いのが送電線パトロールで、本来は電力会社が行うべき業務ですが、ほとんどがヘリコプター事業会社に委託されています。発電所で作りだされた電気は変電所を経て企業や家庭などの最終使用者に送られますが、ここで電気が流されるのが送電線で、末端に近づけば道路上の電柱などを結んでいますが、発電所から変電所までの多くは、山あるいは森林中に立てられた高い鉄塔をつないでいます。電気を安定的に供給するには常に電線の状態を確認し、必要に応じて補修・修理を実施する必要がありますが、まず山中の送電線に地上から近づくことは難しく、またたどり着いても状態を確認するには高い鉄塔に上らなくてはなりません。非常に長い総延長全体を見回ることは、地上の作業では至難の業です。しかしヘリコプターであれば上空から送電線に近づけますし、送電線に沿って飛行を続けていけば長い距離も短時間で見回ることができます。近年では無人ヘリコプターとそれに搭載する高性能カメラが実用化されてきています。作業の効率化や点検品質の向上、作業の安全性確保などの観点から、この業務が無人化される日も近いでしょう。

　また最近のパトロール活動では、産業廃棄物の不法投棄などの発見・監視もウエイトを高めています。この活動は、県の防災ヘリコプターや警察のヘリコプターといった公的機関の機体が共同で活動するケースも多々あります。地上からでは発見の難しい山間部や崖下などへの投棄もヘリコプターならば発見が可能で、効果を上げています。

IV-9 パトロール

▼送電線パトロール

山中の高いところに張られていて目視作業が難しい送電線の状態の監視や調査も、以前からヘリコプターにとって重要な業務であった。写真は送電線パトロール中の朝日航洋のベル206B（写真：朝日航洋）

▼不法投棄監視と産業廃棄物

熊本県による不法投棄監視の「スカイトロール」活動に参加した熊本県警のMBB/川崎BK117B-2（写真：熊本県）

福島県でパトロール・ヘリコプターが発見した産業廃棄物の不法投棄現場
（写真：平成工業）

ヘリコプターの用途（民間）

IV-10 報道

重大事態が発生した際、それを伝えるのが報道の役割で、その取材活動にヘリコプターは欠くことのできない存在になっています。

報道ヘリコプターに向く機種と装備

　事故や事件の現場上空から取材し報じるのが報道ヘリコプターの役割で、多くの新聞社やテレビ局などが使用しています。テレビの場合、前方右席の機長席には当然パイロットが座り、左席にカメラマンが座ります。これでカメラマンは、正面と左側に広い撮影視野を得ることができます。カメラマンの後ろには記者/レポーターが座り、これでカメラマンの目線で見えているものと同じものを報告することができます。パイロットの後ろにディレクターなどが着座して指示をだし、小型のモニターがあればカメラマンが撮影している映像を見ることもできます。以前の報道ヘリコプターはベル206ジェットレンジャーなどの単発の小型機が主流で、これでも前記のスタッフを乗せることはできました。しかし次第に安全性にも配慮がなされるようになって、アエロスパシアルAS355エキュルイユ2といった小型双発機が使用されるようになっていて、双発機の比率が高まっています。

　テレビ用の報道ヘリコプターで重要なのが中継用の装備で、有名なものではアメリカのL3ハリスのウェスカムMXシリーズという製品があり球形のドームにジャイロ安定化カメラを収め、また中継用アンテナなどを入れています。大型でキャビンに余裕がある機種では、後列座席の前にミキシング・コンソールを備えているものもあります。基本的には音声のミックスに使用するもので、自機のレポーターの音声のほかに地上局の声やほかのヘリコプターのレポーターによるレポートなどを機内でミックスして地上に送ることができます。取材対象によっては多くの会社のヘリコプターが1カ所に集結して当初は混乱をきたしますが、徐々に一定方向回りの飛行円ができて各社がその輪に入って秩序のとれた安全な飛行が行われるようになっていきます。

Ⅳ-10　報道

▼小型・双発のベル427

RKB毎日放送が使用しているベル427。機首下面にカメラを収めたターレットがあり、胴体側面には中継用機器を収めた白い球形ドームがある（写真：西日本空輸）

▼報道としては大型のレオナルドAW169

読売新聞本社と日本テレビが共用するレオナルドAW169。大型の機種でキャビンも広いので、機内にはコンソールが設置できる（写真：読売新聞社）

IV-11 遊覧・観光

観光地をはじめとして景勝地を日常とは違う目線で見ることを可能にするのが、航空機による遊覧飛行です。ここでもヘリコプターは活躍しています。

遊覧飛行の詳細と料金

　ヘリコプターにかぎらず、観光地では**遊覧飛行**などを行っているところがあり、もちろんヘリコプターも使われています。小型の固定翼機に比べると割高ではありますが、ホバリング能力を用いると特定の場所に止まって見たいところを長時間眺めることができるなどの利点も少なくなく、遊覧・観光にヘリコプターを使用する事業者も多数あります。アメリカではホテルのチェックイン・カウンターの脇などに多くの観光リーフレットが並べられている棚があって、その中にはいくつかの観光・遊覧飛行の案内も入っているのが常です。また欧米では航空ショーの会場に事業者がブースなどを置いて遊覧飛行の顧客を勧誘することもめずらしくありません。日本でも今日では、ヘリコプターでの遊覧や観光をビジネスにしている企業は増えています。外国に比べると、料金は高額には感じられますが、空中からの眺めは非日常感を味わうことができます。料金は当然搭乗する機種や飛行時間によって変わり、探してみると比較的手ごろなものもあります。

　ある会社の東京湾岸の上空クルーズは、ロビンソンR44を使って10分で44,000円とされています。R44は乗客3人乗りですから1人あたりにすると14,666円です。これをどう感じるかは個人個人の価値観の問題ですが、一般の人はほとんどヘリコプターに乗る機会はないでしょうから、よい経験になるかとは思います。もちろん機種をグレードアップしたり飛行時間を延ばせば、当然高額にはなりますが、より優雅なフライトを楽しめるでしょう。手元にある資料では、タービン機のエアバスH130による今日と周遊観光コースで1人43,60円というものもありました。以前に比べると遊覧飛行や観光飛行についての規制は緩和されてきていますので、全国各地でそうした事業が行われるようになっています。

Ⅳ-11　遊覧・観光

▼遊覧チャーター機

日本国内でヘリコプターのチャーター飛行業務を行っているアリエアのロビンソンR44。東京や大阪などの遊覧チャーターも用意されている（写真：大阪航空）

▼遊覧飛行

ナイアガラの滝をはじめとする観光名所の遊覧飛行を行っているアメリカのナイアガラ・ヘリコプターズのエアバスH130（写真：ナイアガラ・ヘリコプターズ）

Ⅳ　ヘリコプターの用途（民間）

IV-12 訓練

ヘリコプターも固定翼機も最初の訓練機は、経費の安価な小型のレシプロ単発機で行われます。

民間のパイロット訓練

　民間のパイロット訓練は、固定翼機でも回転翼機でも、まずピストン・エンジン機でスタートします。これは訓練経費が安上がりになるためで、たとえば現在のアメリカでの標準的な操縦訓練費は、ピストンのロビンソンR22は1時間約360ドル（約51,700円）タービンのベル206ジェットレンジャーは1時間1,400ドル（約201,170円）です。単発自家用の免許を取得するには最低で60時間の飛行訓練が必要ですから、R22ならば約310万円なのに対して、ジェットレンジャーでは4倍の約1,200万円もかかることになります。もしタービン単発自家用の免許がほしいのであれば、まずR22で自家用免許を取得し、そのあとジェットレンジャーで訓練を受ければことは足ります。すでに自家用免許はあるので、ジェットレンジャーでの訓練は数時間ですみますから、同じ資格の取得を大幅に安価で実現できることになります。単発自家用の上級クラスの資格には水上機や多発機、職業パイロットとしての資格である事業用操縦士などがあり、また操縦技能としては計器飛行証明という資格もあります。いずれもレベルが上がれば訓練費も高額になります。なお外国での操縦資格は、自家機操縦士はそのまま日本で通用しますが、事業用操縦士については使えず国土交通省による資格認定試験を受けて合格する必要があります。

　また日本では航空機の操縦技倆などについては国道交通省が管轄していますが、航空機についている無線については総務省の管轄ですので、航空無線士の資格が必要です。アメリカではこうした制度はなく、アメリカで自家用操縦士の資格を取得してきた場合、日本でも自家用パイロットとしての飛行はそのままできますが、1人で飛行するには無線の資格の取得が必要になります。無線の資格保有者が同乗していれば、飛行は可能です。

▼ロビンソンR22ベータⅡ

ヘリコプターの操縦入門機として世界を席巻しているロビンソンR22。写真は性能向上型のベータⅡ（写真：ロビンソン）

▼ロビンソンR22の操縦席

R-22ベータⅡの操縦席。サイクリック操縦桿は左右にグリップがあるが、1本の操縦桿を訓練生と教官が共用する方式である（写真：Wikimedia Commons）

memo

第 V 章

ヘリコプターの用途（防衛）

民間分野と同様にヘリコプターは、防衛（軍用）でも多くの用途に使われています。なかには、固定翼機並みの攻撃兵器を搭載できるものもあります。

V-1 戦闘・攻撃

ベトナム戦争で誕生した武装攻撃ヘリコプターは、対戦車ヘリコプターへと進化し、今では無人機（UAV）の統制機能を備えるようにもなっています。

攻撃専用ヘリコプターの発展

　ベトナム戦争で誕生した細い胴体にタンデム複座のコクピットを組み合わせ、胴体の中央に小翼をつけてそこに兵器類を搭載できるようにした攻撃専用ヘリコプターは、冷戦の緊張が高まると欧米は東側の強力な機甲部隊の侵攻を食い止め、また撃破する能力をもたせることを主眼に発展させました。これが対戦車ヘリコプターで、兵器の主体は強力な対戦車誘導ミサイルになっています。こうした機能を本格的にもたせた最初の機種が、アメリカ陸軍の発達型攻撃ヘリコプター（AAH）計画で採用されたヒューズAH-64アパッチで、1975年9月30日に初飛行して1986年4月に実用就役しています。強力な火力に加えて、レーザーや赤外線による電子光学センサーのターレットを機首に備えました。このアパッチの装備形態は、その後の武装攻撃ヘリコプターの基準となりました。

　アパッチは初飛行からほぼ半世紀が経過し、ヒューズはマクダネル・ダグラスを経て今はボーイングの一部になっていますが、機体の進化は続いています。1991年の湾岸戦争の教訓からアパッチにミリ波レーダーを搭載することが決まって、AH-64Dアパッチ・ロングボウが開発されました（一部レーダーを装備していないものもあります）。最新のAH-64Eアパッチ・ガーディアンは、形状はAH-64Dと同じですが、無人航空機（UAV）との連携機能がもたされて、AH-64Eが捉えた目標をUAVに攻撃させたり、UAVが捉えた目標を自機の攻撃リストに加えたりするなどの能力を有し、アフガニスタンにおける実戦でもこの機能が活用されました。空対空ミサイルの装備も多くの国で進められていますが、その効果や必要性はまだはっきりとはせず、ミサイルの本格的な配備はこの能力に関する開発の発端となったロシアも含めて進んでいないのが現状です。

V-1 戦闘・攻撃

▼エアバス・ヘリコプターズのタイガー

小翼外側下にミストラル空対空ミサイルを搭載したエアバス・タイガー(旧称ユーロコプターEC665)(写真:MBDA)

▼ボーイングAH-64Eアパッチ・ガーディアン

アパッチ・ファミリーの最新型で、UAVとの連携作戦機能を有するAH-64Eアパッチ・ガーディアン(写真:アメリカ陸軍)

V ヘリコプターの用途(防衛)

161

V-2 対潜／対水上作戦

対潜ヘリコプターは静寂性能を高める潜水艦の探知能力の向上に加えて、海中／海上の目標攻撃も可能になってきています。

探知・攻撃の技術

　海軍でのヘリコプターでもっとも重要な用途は潜水艦の**探知**と**攻撃**で、巡洋艦やフリゲート艦などから活動する艦載対潜ヘリコプターが多くの国で使われています。潜水艦の探知には磁気異常探知装置（MAD）や赤外線などの電子光学装置、合成開口／逆合成開口レーダーといった多種のセンサーが使われますが、ヘリコプター特有の装置が、ホバリングを行いながら機体から吊り下げたソナーを海中に入れて音を探知する音響センサーの**ディッピング・ソナー**です。潜水艦は高速では移動できませんので、特定の場所に止まりながらじっくりと探ることを可能にします。これはホバリングという能力ももつヘリコプターならではの活動といえるでしょう。

　潜水艦の技術も常に向上を続けていて、なかでも静粛化は潜水艦にはもっとも重要なポイントです。エンジンやプロペラでの水切り音が小さくなれば、当然ソナーなどの音響センサーでの探知は困難になります。1機がディッピング・ソナーを下げて探知する方式を**モノスタティック**といいますが、近年では2機がペアを組んでディッピングソナーを同時に使うこともあります。これが**バイスタティック**と呼ばれる方式で、必要があれば3機以上の**マルチスタティック**という運用が用いられることもあります。これらは特定の範囲内において使用するソナーの数が多くなりますから、それだけ小さな音でも探知する可能性を高められることになります。対水上艦への対応では、対艦ミサイルを用いることになりますが、固定翼機用のものではヘリコプターには大きすぎるので、最近では対戦車ミサイル・クラスのものも使われます。

　艦載ヘリコプターは通常、高い多用途性を有していますので、必要に応じて艦隊内輸送や救難にも使われます。アメリカ海軍のMH-60Sナイトホークには、機雷掃海任務も付与されています。

V-2 対潜/対水上作戦

▼シコルスキーMH-60R

タレス製の機上低周波数ソナー(ALFS)ディッピング・ソナーを吊り下げるシコルスキーMH-60Rシーホーク(写真:ロッキード・マーチン)

▼シコルスキーMH-60R

AGM-114ヘルファイアを発射するHSM-35"マジシャンズ"のシコルスキーMH-60R(写真:アメリカ海軍)

ヘリコプターの用途(防衛)

V-3 ヘリボーン

大量の部隊や戦闘装備を一気に展開させるのがヘリボーンですが、状況に応じて小規模な作戦活動もあります。

ヘリボーンの意義

　ヘリコプターを使って戦闘部隊や戦闘装備を作戦地域に展開させる空輸作戦活動のことで、**ヘリボーン（Heliborne）**はヘリコプター（Helicopter）と空挺（Airborne）をつなげた造語です。戦闘地域近くに飛行場がない場合には、ヘリコプターの垂直着陸能力が唯一部隊などの展開を可能にします。ベトナムのジャングル地域でゲリラ的活動を行う敵と戦ったアメリカ軍にとって、ヘリボーンは不可欠な戦術であり、またこの戦いを通じてヘリボーンの意義が認識されるとともにさらに発展を続けることになりました。部隊や装備の輸送には必要に応じて中型機や大型機が用いられますが、本体の展開の前には小型機により偵察活動を行うこともあります。また敵ゲリラ部隊などの待ち伏せが想定される場合には、固定翼攻撃機や武装ヘリコプターなどによる空中火力支援を受けることもありますので、その場合にはかなりの大規模な戦力でヘリボーン・チームが構成されることになります。ヘリボーンは陸軍による活動が主体ではありますが、アメリカの海兵隊が地上部隊と航空部隊が共同で行う強襲揚陸作戦もヘリボーン活動の１つといえます。

　前記したように、ヘリコプターの運用柔軟性をフルに活用できる行動ですので、ヘリコプターが着陸できるスペースが確保できれば山岳地帯でも森林地帯でも、あるいは市街地でも作戦を遂行することが可能です。その反面、ヘリコプターの泣き所である搭載能力の低さや飛行速度が遅いこと、戦闘航続距離（あるいは飛行時間）が短いことなどがヘリボーン作戦の問題点ではあります。また、作戦規模が大きくなるとそのぶん参加部隊の招集や調整・連携に問題が生じやすくなりますので、常に戦闘状況に応じた適正規模での運用がこの作戦では特に重要になります。

V-3　ヘリボーン

▼ベルUH-1D

1966年にベトナム戦争で行われたアメリカ陸軍によるベルUH-1Dを使ったヘリボーン作戦（写真：アメリカ国防総省）

▼シコルスキーCH-53E

ヘリボーン訓練でファストラダーを使ってHMH-464"コンドルズ"のシコルスキーCH-53Eから地上への降下を行うアメリカ海兵隊隊員（写真：アメリカ海兵隊）

V　ヘリコプターの用途（防衛）

V-4 捜索・救難

航空機搭乗員の捜索・救助や戦場で負傷した兵士の救出・後送など、軍用の捜索／救難活動には多くの活動領域があります。

捜索・救難用の装備

　軍・民ともに**捜索・救難**にはさまざまな場面がありますが、共通した基本装備品は救助用ウィンチです。電動のリールによりロープの上げ下げを行って救助隊員の降下や救助者の引き上げを行うもので、例外もありますが多くの場合、キャビン扉前の前方胴体右舷上部につけられています。この位置であればパイロットが状況を常に目視で確認できますし、救助者を素早く機内に引き入れることができます。ロープにはさまざまな装具が装着されますが、代表的なものの1つがペネトレーターです。頑丈で開閉式のフリップが数枚あり、これを開いて下げていくことで、濃密な森林地帯でも木の枝を折り曲げて地上に到達することが可能になります。

　負傷の度合いが激しい人の救助には、もちろん担架が使用されます。軍の救出活動は戦場や敵陣の近くで行われることもありますから、迅速さも重要な要素です。加えて、近くに敵がいる場合を想定すれば、救助ヘリコプターや救出隊員が機関銃などで武装し、活動エリアを掃討・制圧しながら救助を行うこともあります。これが**戦闘捜索救難（CSAR）**と呼ばれるもので、ベトナム戦争で用法が確立されました。当時使われたシコルスキーヘリコプターHH-3Eには「ジョリーグリーン・ジャーアント」のニックネームがつけられ、それは今も受け継がれて、最新のシコルスキーHH-60Wは「ジョリーグリーンⅡ」と呼ばれています。CSARでは救出される側も位置を知らせる無線機のスイッチを適宜オン/オフで切り変えるなどして敵の探知を避けたり、草むらなどに身を隠して辛抱強く待つなどの対応も必要です。

　海軍の捜索救難では当然ながら海洋での活動もあって、たとえば海上自衛隊のヘリコプターに乗る救助員は海上に飛び降りての降下救助を行います。

V-4 捜索・救難

▼シコルスキーHU-60J

海洋救難訓練で海上自衛隊八戸救難隊（当時）のUH-60Jから飛び降りて海上に降下する救難員
（写真：石原 肇）

▼HH-60Wジョリーグリーン Ⅱ

アメリカ空軍の最新捜索・救難ヘリコプター、HH-60Wジョリーグリーン Ⅱ
（写真：アメリカ空軍）

V-5 特殊戦

敵陣に浸透して破壊工作などを行う特殊戦部隊の輸送も、軍用ヘリコプターの重要な任務の1つです。

特殊戦の内容

　直接的な戦闘ではなく、敵に対する破壊工作や陽動・攪乱行動を行う活動が特殊戦で、その任務内容は広く、特殊戦部隊は要人の暗殺を行うこともあります。そうした任務や活動内容から、存在も含めて秘匿されている事柄は多く、情報も少ないのですが、アメリカなどではそうした部隊の存在は公表していますし、重要な活動については作戦が終了し成否が定まれば、自国にとって都合の悪いことも時には発表しています。特殊戦部隊の典型的な活動を記すと、まず部隊は隠密裡に活動地域に展開し、浸透していきます。そして与えられた任務活動を行って、それを終了したら指定の場所に集合して撤収します。もちろん任務に失敗する場合もありますが、その場合は事前に用意していたオプションのなかから選択可能なものを選んで撤収します。撤収のことは、撤収を支援する側からは回収とも呼ばれます。

　このような特殊戦部隊の展開・浸透や回収にも、ヘリコプターの飛行能力はうってつけで、これまでに知られているいくつもの有名な作戦でヘリコプターが用いられています。たとえば2011年5月2日に行われたウサマ・ビンラーディン殺害の「ネプチューンの槍」作戦では、特別に改造されたMH-60 2機が使われて目的を達成しました。一方で、1979年11月にテヘランで起きたイランのアメリカ大使館人質事件では、1980年4月に人質を奪還・救出する「鷲の爪」作戦が敢行されましたが、8機のRH-53Dうち4機がトラブルを起こして最終的に全機が破棄されるという失敗に終わっています。今日、アメリカ空軍の空軍特殊戦コマンドは、部隊の進出・回収用の機種として、ティルトローター機のベル/ボーイングCV-22Bオスプレイを装備して、飛行速度と航続力の問題を解決しています。

V-5 特殊戦

▼OH-6D カイユース

機関銃で武装した特殊戦部隊の兵士を乗せて飛行するアメリカ陸軍のOH-6D。定員オーバーだが特殊戦部隊の移動ではめずらしいことではない（写真：アメリカ陸軍）

▼ベル/ボーイング CV-22B オスプレイ

ベル/ボーイングCV-22Bによる特殊戦部隊隊員の回収訓練。回収される隊員のなかには模擬ではあるが負傷者が含まれている（写真：アメリカ空軍）

ヘリコプターの用途（防衛）

V-6 機雷掃海

海中に敷設され、船舶の大きな脅威となる機雷の除去はとても重要ですが、専任の部隊があるのはアメリカと日本だけです。

機雷掃海と掃海ヘリコプター

　ヘリコプターの用途として、海中に敷設された機雷を除去する**機雷掃海**がありますが、そのための専任部隊を常設しているのはアメリカ海軍と海上自衛隊だけで、そのほかの国では必要に応じて対機雷戦の運用を行っています。

　機雷には艦艇が直接接触することで起爆するもののほかに、プロペラ音を検知して起爆するもの、鋼鉄製の船の通過による磁場の変化を検出すして起爆するもの、艦船の通過による水圧の変化に反応して起爆するものなどいくつかのタイプがあり、機雷掃海ヘリコプターはそれぞれに対応する掃海具を使い分けて、それを曳航しながら通常は範囲の海域を飛行します。また機雷は海中に浮いていますが、たんに浮かせていては海流などで散らばってしまうので、海底に重しを置いて、そこから係留索を延ばして海底に配置しています。このため掃海具のなかにはその索を切る目的のものもあって、索が切れて機雷が海面に浮かび下がったところを機関銃掃射で破壊するという掃海方式もあります。

　掃海ヘリコプターの最高峰がシコルスキーMH-53Eシードラゴンで、3発の大型輸送機CH-53Eスーパースタリオンの派生型です。胴体側方のスポンソンを大型化して搭載燃料を増し、航続時間を延ばしています。海上自衛隊も1989年から11機を導入しましたが機体が大型過ぎて運用に手間がかかること、メーカーのシコルスキーの補給支援態勢が悪かったことなどから2017年3月に全機が除籍となり、2006年後継機として選定したレオナルドMCH-10の装備が2009年から行われています。どちらも同じ3発機ですが、最大離陸重量はMH-53Eの33.3tに対して14.6tと60%程度軽量です。

V-6 機雷掃海

▼シコルスキーMH-53E

大型の掃海具であるMK-105を曳航して飛行するアメリカ海軍第15ヘリコプター機雷掃海飛行隊のシコルスキーMH-53E（写真：アメリカ海軍）

▼レオナルドMCH-101

ホームベースの海上自衛隊岩国航空基地を離陸する第111航空隊のレオナルドMCH-101（写真：青木謙知）

Ⅴ ヘリコプターの用途（防衛）

V-7 要人輸送

固定翼機と同様に多くの国が、国家元首などの要人輸送に軍（防衛用）のヘリコプターを使用しています。

要人輸送の運用例

　アメリカでは空軍が大統領専用機としてボーイングVC-25を運用していて、コールサインによる「エアフォースワン」の名称でもよく知られています。これと同様にヘリコプターにも大統領専用機があって、海兵隊が運用しており、こちらもコールサインから取った愛称「マリーンワン」で親しまれています。マリーンワンの運用は1957年に開始され、現在はシコルスキーが開発したS-92をベースにしたロッキード・マーチンVH-92Aペイトリオットが使用されています。海兵隊は訓練用のCH-92A 2機と実用機のVH-92A 21機を購入し、その最終23号機は2024年8月19日に納入されました。

　軍が政府や王室の要人を乗せるヘリコプターを運用する事例は多々あって、たとえばイギリスでは空軍がレオナルドAW109SPを新要人輸送ヘリコプターに選定しています。韓国はアメリカと同様にS-92をもとにした要人輸送型の導入を決めて、空軍が大統領輸送機として運用しています。日本では1986年12月19日に、ヘリコプターにより要人輸送を行う専門の部隊として陸上自衛隊木更津駐屯地の第1ヘリコプター団隷下に特別輸送ヘリコプター飛行隊を発足させました。部隊名は2008年3月26日に、「特別輸送ヘリコプター隊」に変更されています。最初の使用機はアエロスパシアルAS332Lシュペルピューマで、3機が導入されました。広いキャビンなど要人の輸送には適していましたが、操縦室への入口の天井部が一段低くなっていて、要人が見学に行く際に頭をぶつけるというケースが多発しました。AS332Lの老朽化により2004年に後継機としてユーロコプターEC225LPシュペルピューマMkⅡの導入が決まって、2007年12月に発注最終機の4号機が引き渡されています。機体外形はAS332Lによく似ていますが、メインローターはブレードが4枚から5枚に増えています。

V-7　要人輸送

▼シコルスキーVH-92Aペイトリオット

運用試験で適合性確認のためホワイトハウスに着陸するシコルスキーVH-92Aペイトリオット（写真：アメリカ海兵隊）

▼ユーロコプターEC225LPシュペルピューマMk Ⅱ

要人輸送を任務とする陸上自衛隊特別輸送ヘリコプター隊のユーロコプターEC225LPシュペルピューマMk Ⅱ。木更津駐屯地をホームベースに4機を運用している（写真：陸上自衛隊）

V-8 訓練

パイロットの養成は、各国・各組織の目的にあわせた独自の専用のカリキュラムによって行われています。

3 自衛隊のパイロット養成

軍ではどのようなものであっても、各種の装備品の操作員（操縦手、操舵員、整備士など）は隊内で養成して資格を取得させて任務に就かせます。これはパイロットも同様で、固定翼機であっても回転翼機であっても同じです。ただ特にパイロットは、各国・各軍の事情がさまざまですので、それに応じて訓練組織や訓練内容なども大きく異なります。また多くの軍が、作戦機として固定翼機と回転翼機の双方を装備していますが、それぞれのパイロットは多くの場合、別々の教育課程が準備されています。ここでは3自衛隊を例に**ヘリコプター・パイロット**養成の概要を記しておきます。

3自衛隊でもっとも多くのヘリコプターを有する陸上自衛隊は、まず北宇都宮駐屯地の航空学校宇都宮校あるいは明野駐屯地の航空学校本校で基礎操縦訓練を受けます。本校は幹部（尉官以上）の航空操縦要員教育を、宇都宮校では陸曹航空操縦学生の教育を受けもち、どちらもエンストロムTH-480Bを装備しています。両校とも学生がヘリコプターを操縦するのはこれが初めてですので、教育内容に大きく違いはありません。防衛大学校や一般大学の卒業生は入隊するとすぐに幹部になりますので、いわゆる「学歴」によってどちらに入校するかが決まることになります。ここでの訓練を終えると実用機の運用部隊に配置されて作戦機のパイロットとして成長していきますが、当然経験が少ないので、いきなりCH-47J/JAのような大型機やAH-64Dのような戦闘ヘリコプターの部隊に配置されることはまずありません。海上自衛隊は、鹿屋航空基地の第211教育航空隊がヘリコプター訓練の入口で、TH-135とSH-60Jで訓練を受けます。航空自衛隊は、固定翼機でウイングマーク取得後に小牧基地の救難教育隊でUH-60Jによりヘリコプターの操縦訓練を開始します。

▼レオナルド TH-73A スラッシャー

アメリカ海軍の訓練ヘリコプター、TH-73A スラッシャー。レオナルド AW119 コアラをベースにしたもので、フィラデルフィアにおいてアメリカ国内生産が行われていて 2024 年 9 月 17 日に 100 号機を引き渡した（写真：レオナルド・ヘリコプターズ）

▼ヒューズ OH-6D カイユース

陸上自衛隊航空学校宇都宮校で使われていた OH-6D。キャビン窓に赤いパネルがあるのは、教官が同乗しておらず学生の単独（ソロ）フライト訓練であることを示している（写真：青木謙知）

memo

第VI章

世界の主要
ヘリコプターメーカー

世界各国の主要なヘリコプター・メーカーとその代表的な製品を国別に紹介していきます。並びは50音順です（日本は最後）。

VI-1 アメリカ（1）

ピストン、タービンともに小型機で大きな成功を収めたのがヒューズ・ヘリコプターです。そしてエンストロムはなめらかな機体形状を特色としました。

■ MDヘリコプターズ

　　旧ヒューズ・ヘリコプターの流れをくむメーカーで、ヒューズは1984年にマクダネル・ダグラスに吸収され、さらに1999年にマクダネル・ダグラスとボーイングが合併すると、その民間小型機部門が独立してMDヘリコプターズとなりました。ヒューズは1975年にアメリカ陸軍の発達型攻撃ヘリコプター（AAH）計画で採用されてAH-64アパッチ（開発試作機YAH-64Aが1975年9月30日に初飛行）を製造しましたが、この機種だけは今日ではボーイングの製品になっています。MDヘリコプターズは画期的な反トルク・システムであるノーター（I-15参照）を開発し、それを使用した単発のMD500/600と双発のMD900を製造しました。現在も生産を続けているのはタービン単発のMD500とMD530で、どちらも通常形式の反トルク・システム装備機です。このうちMD500Eについては海上自衛隊がOH-6DAの名称で訓練機として14機を導入しましたが、2016年3月31日に全機が退役しました。

■ エンストロム・ヘリコプター

　　1959年12月に設立されたピストン・エンジン単発小型機の専門メーカーで、1956年に実用化させたF-28、胴体の流線形を強めた1975年実用化の280Cシャークを経て、1989年10月7日にはシャークを大型化するとともにエンジンをターボシャフトにした480を初飛行させました。この480は陸上自衛隊が訓練機TH-480Bとして導入を行い、配備しています。シャフトが1本だけという簡素なメインローター・システム設計になっているのが、同社のヘリコプターにおける特徴の1つです。エンストロム・ヘリコプターは2022年1月に破産法第7条の適用を受けて倒産し、機体の新規先進事務を停止しましたが、機体の支援業務は続けています。

Ⅵ-1 アメリカ（1）

▼MD530F

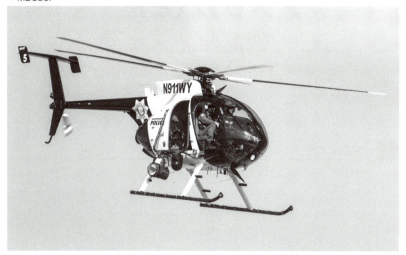

（写真：Wikimedia Commons）

［データ：MD530F］メインローター直径8.33m、全長9.93m、全高2.67m、メインローター回転円盤面積54.6m²、空虚重量722kg、最大離陸重量1,610kg、エンジン ロールスロイス250-C30（480kW×1）、最大速度152ノット（281km/h）、実用上昇限度5,700m、優良上昇率 毎分631m、航続距離23海里（413km）、座席数5

▼エンストロム TH-480B

（写真：青木謙知）

［データ：エンストロム モデル480］メインローター直径9.75m、全長9.09m、全高2.92m、メインローター回転円盤面積74.7m²、空虚重量760kg、最大離陸重量1,293kg、エンジン ロールスロイス250-C30W（215kW）×1、巡航速度114ノット（211km/h）、実用上昇限度3,692m、優良上昇率 毎分457m、航続距離378海里（700km）、座席数5

Ⅵ-2 アメリカ（2）

カマンは交差反転ローター機を主体にして成功を収め、またシュワイザーはヒューズ269（300）を次々にアップグレードしました。

カマン

　1945年に設立された航空企業で、1947年に初のヘリコプターK-225を開発しました。この機種のメインローターには交差反転式が使用され、以後これが同社製ヘリコプターの特徴となりました。例外となったのが海軍向けの艦載軽対潜ヘリコプターのSH-2シースプライトで、通常形式のタービン双発機として1959年7月2日に初飛行しました。1985年4月2日には大幅に近代化したSH-2Gスーパー・シースプライトが初飛行し、アメリカ海軍で2001年まで、オーストラリア海軍で2008年まで第一線機として就役しました。

シュワイザー

　1939年にグライダーの製造企業として設立されたもので、2004年にシコルスキーに買収されましたが、主たる製品はまだグライダーでした。2018年にテキサス州にヘリコプターの製造ラインを設立して、2021年に旧ヒューズのピストン・エンジン単発機であるモデル300Cと300BCiの製造を開始し、さらにそれらをタービン・エンジン化するなどの近代化を実施するとともに、胴体設計を大幅に変更したシュワイザー（S）330/333の開発も行っています。この両タイプではS330が基本型で、S333ではメインローター・ブレードの設計が改められるとともに、高いスキッド降着装置が標準装備になっています。シュワイザーはさらに、2008年12月18日に発展型のS434タービン単発機も初飛行させたものの販売がかんばしくなく、2015年に製造を終了しました。またS330をベースにした無人ヘリコプターMQ-8/RQ-8も開発して2000年に初飛行させています。これらの無人機は2022年までアメリカ海軍による試験・評価作業に用いられて役割を終えました。

Ⅵ-2 アメリカ（2）

▼カマン SH-2G スーパー・シースプライト

（写真：アメリカ海軍）

[データ：カマン SH-2G スーパー・シースプライト] メインローター直径 13.71m、全長 16.08m、全高 4.57m、メインローター回転円盤面積 147.6m^2、空虚重量 4,170kg、最大離陸重量 6,120kg、エンジン ジェネラル・エレクトリック T700-GE-401/401C（1,285kW）×2、最大速度 138 ノット（256km/h）、実用上昇限度 5,486m、優良上昇率 毎分 762m、航続距離 540 海里（1,000km）、乗員 3～5

▼シュワイザー 333

（写真：Wikimedia Commons）

[データ：シュワイザー 333] メインローター直径 8.38m、全長 9.50m、全高 3.35m、メインローター回転円盤面積 55.2m^2、空虚重量 549kg、最大離陸重量 1,157kg、エンジン ロールスロイス 250-C20W（175kW）×1、巡航速度 105 ノット（194km/h）、優良上昇率 毎分 421m、航続距離 319 海里（591km）

VI-3 アメリカ（3-1）

近代ヘリコプターの生みの親イゴール・シコルスキーが創設したのがシコルスキー・エアクラフトで、多くの名ヘリコプターを作りだしました。

シコルスキー

　近代ヘリコプターの生みの親ともいわれるロシア人のイゴール・シコルスキーが、アメリカへの亡命後の1923年に設立したヘリコプター・メーカーで、長い間ユナイテッド・テクノロジーズ社の傘下にありましたが、2015年11月にロッキード・マーチンに売却されました。ただヘリコプターについては、シコルスキーのブランド名で製造・販売が続けられています。

　初期のシコルスキーによる製造機種は固定翼機で、1942年2月14日に初飛行したS-47/R-4ホバーフライが最初の実用ヘリコプターで、この機種はまた世界で初めて量産されたヘリコプターとなりました。1949年11月26日に初飛行したS-58/H-19チッカソーは大型の兵員10乗りの単発機で、対潜作戦などにも使える多用途運用能力を備えました。その設計を活用したS-58/H-34チョクトウは機内の兵員搭載能力を最大で18人にするなどした発展型で、シコルスキーを多用途ヘリコプターの代表的メーカーに押し上げました。

　シコルスキーが自社資金で開発し1958年5月14日に初飛行したのがS-62で、シコルスキーのタービン機です。その水密艇体型の胴体設計を活用して双発機にしたのがS-61で、1959年3月11日に初飛行しました。アメリカ海軍の対潜ヘリコプターHSS-2（のちにSH-3）シーキングとして採用されたのをはじめとして多くの国で同様の用途で装備されました。S-61も高い多用途性をもたせた設計機で、海軍向けの機雷掃海機（RH-3）、空軍向けの戦闘捜索救難機HH-3ジョリーグリーンジャイアントなどのタイプが作られています。またアメリカ海兵隊は、大統領専用機「マリーンワン」としてVH-3A/Dを1961年から2021年までの60年間運用しました。1962年5月9日に初飛行したS-64スカイクレーンは胴体部をほぼなくしたクレーン大型の輸送機で、陸軍でもCH-54タルヘの名称で運用しました。

VI-3 アメリカ(3-1)

▼シコルスキーSH-3Hシーキング　　　　　　　　　　　（写真：ロッキード・マーチン）

[データ：シコルスキーSH-3Hシーキング] メインローター直径18.90m、全長16.70m、全高5.13m、メインローター回転円盤面積280.5m^2、空虚重量5,485kg、最大離陸重量9,530kg、エンジン ジェネラル・エレクトリック T58-10（1,081kW）×2、最大速度144ノット（267km/h）、海面上昇率 毎分671m、実用上昇限度4,480m、航続距離542海里（1,004km）、乗員4～5

▼シコルスキーCH-54Eタルヘ　　　　　　　　　　　　（写真：アメリカ陸軍）

[データ：シコルスキーCH-54Eタルヘ] メインローター直径21.95m、全長21.41m、全高5.66m、メインローター回転円盤面積378.1m^2、空虚重量8,724kg、最大離陸重量19,051kg、エンジンプラット＆ホイットニーJFTD12-4A（3,400kW）×2、最大速度115ノット（213km/h）、ホバリング高度限界3,200m（地面効果内）/3,000m（地面効果外）、優良上昇率 毎分690m、航続距離200海里（370km）、最大ペイロード9,100kg、最大速度144ノット（267km/h）、実用上昇限度4,480m、航続距離543海里（1,005km）、乗員4～5

Ⅵ-4 アメリカ（3-2）

近年のS-65とS-70設計機はともに多用途性に富み、多くの派生型が開発されています。

シコルスキー（続き）

　1964年10月14日にシコルスキーは大型重輸送ヘリコプターS-65/H-53の試作機YCH-53を初飛行させました。最大ペイロード3,600kgのこの機種は、海兵隊強襲輸送機CH-53シースタリオンや空軍の捜索救助機HH-53Bなど多くの用途に用いられました。海兵隊向けをスケールアップして3発機としたのがCH-53Eスーパースタリオンで、1974年3月1日に初飛行しました。輸送型の機内最大ペイロードは14,515kgで、海軍も機雷掃海用にMH-53Eシードラゴンとして導入しています。MH-53Eは長時間の飛行ミッションを可能にするため、胴体側方のスポンソンを大きくして燃料搭載量を増やしています。このシリーズの最新型がCH-53Kキング・スタリオンで2016年10月27日に初飛行し、最大ペイロードは15,876kgに増加しました。またカーゴフックを使っての吊り下げ輸送では、中央フックだけの使用であれば16,329kgを吊り下げることが可能です。

　シコルスキーは1976年に、アメリカ陸軍の汎用戦術航空システム（UTTAS）の開発担当に選定されて、S-70Aを1974年10月17日に初飛行させて、これがUH-60ブラックホークとして実用化されています。海軍もこの設計を活用する機種を艦載多用途軽航空システムⅡ（LAMPS MkⅡ）として採用し、設計に手を加えたS-70BをSH-60Bシーホークとして就役させました。S-70Bは小さな艦船の狭い艦船から運用できるよう、テイルブーム後端の尾輪をなくして、胴体テイルブームの付け根に大きな車輪を装備しています。これが海軍向けH-60の基本型で、対潜作戦や機雷掃海などに使用しているMH-60Rもこの形式です。一方で、空母艦隊内での物資や人員輸送、揚陸強襲支援輸送などに使用するMH-60Sは、S-70A設計機となっています。

Ⅵ-4 アメリカ (3-2)

▼シコルスキーUH-60Mブラックホーク

(写真：ロッキード・マーチン)

[データ：シコルスキーUH-60Mブラックホーク] メインローター直径16.36m、全長19.76m、全高5.13m、メインローター回転円盤面積210.0m^2、空虚重量5,675kg、最大離陸重量9,979kg、エンジン ジェネラル・エレクトリック T700-GE-701C/D (1,418kW)×2、最大速度159ノット(294km/h)、実用上昇限度5,800m、優良上昇率 毎分502m、戦闘航続距離320海里、乗員4＋兵員6

▼シコルスキーCH-53Kキング・スタリオン

(写真：アメリカ陸軍)

[データ：シコルスキーCH-53Kキング・スタリオン] メインローター直径24.08m、全長30.18m、全高8.66m、メインローター回転円盤面積455.4m^2、空虚重量19,903kg、最大離陸重量39,916kg、エンジンジェネラル・エレクトリック T408 (5,600kW)×3、巡航速度170ノット(315km/h)、実用上昇限度4,900m、戦闘航続距離110海里(204km)、乗員4＋兵員30

Ⅵ 世界の主要ヘリコプターメーカー

185

VI-5 アメリカ（4）

小型ヘリコプターの製造に特化したロビンソンは、複座/4座機ですばらしい成功を収めています。

ロビンソン

　1973年にベル・ヘリコプターとヒューズ・ヘリコプターズの従業員により設立された企業で、小型のピストン単発機の開発と製造を目的としました。機体は複座機で、安価でかつ取り扱いが容易な操縦訓練入門機を基本用途とし、また自家用機にマーケットを広げることも視野に入れていました。

　最初の製品は1975年に初飛行したR22で、1979年3月にアメリカ連邦航空局の型式証明を取得して実用化しました。座席は並列複座で、サイクリック操縦桿は1本だけで左右に延びるバーを両席のパイロットが共用しています。基本装備は通常の計器ですが、オプションで画面表示式計器を装備することもできます。初期型のエンジンをパワーアップしたR22HP、設計とシステムに改良を加えたR22アルファ、そのエンジンをパワーアップ型にしたR22ベータが作られ、さらにパワーアップ型のR22ベータⅡと進化しています。

　R22の座席数増加の要求に応じて作られたのがR44で、胴体を大型化して4座席を設けられるようにしました。これによって自家用機としての用途を広げたほか、遊覧やチャーター飛行など新たなビジネス用途も開拓できています。R44は1990年3月31日に初飛行して1992年に型式証明を取得し、以後好評を博して1992年以降でもっとも製造された一般航空向けヘリコプターとなり、2001年から2020年の20年間で5,941機を販売し、2023年末時点での製造機数は6,900機に迫っています。R44のエンジンをターボシャフトにしたのがR66で、2007年11月7日に初飛行して2010年に型式証明を取得しました。ロビンソン初の、また現在まで同社唯一のタービン機ですが、機体のシンプルな設計や基本的な構成は、エンジンに関連した部分以外はR22/R44を受け継いでいます。こちらも市場の反応は良好で、2020年8月には製造1,000号機を完成させました。

▼ロビンソンR22ベータⅡ

(写真:ロビンソン)

[データ:ロビンソンR22ベータ]メインローター直径7.67m、全長8.74m、全高2.72m、メインローター回転円盤面積46.2m²、空虚重量399kg、最大離陸重量621kg、エンジン ライカミングO-320-A2B(92kW)×1、最大速度96ノット(178km/h)、実用上昇限度4,267m、優良上昇率 毎分366m、航続距離209海里(387km)、座席数2

▼ロビンソンR66

(写真:Wikimedia Commons)

[データ:ロビンソンR66]メインローター直径10.06m、全長8.99m、全高3.48m、メインローター回転円盤面積79.5m²、空虚重量585kg、最大離陸重量1,224kg、エンジン ロールスロイスRR300(167kW)×1、超過禁止速度140ノット(259km/h)、実用上昇限度4,267m、優良上昇率 毎分305m、航続距離350海里(648km)、座席数4

VI-6 アメリカ (5-1)

世界でもっとも有名なヘリコプター・メーカーは、やはりアメリカのベルでしょう。日本やイタリアでもライセンス生産が行われています。

ベル

　1935年7月に設立された航空機メーカーのベル・エアクラフトが起源で、1960年にテキストロンが買収して親会社になると、社内にヘリコプター部門を設立してヘリコプター事業に乗りだしました。最初の製品がピストン単発のモデル47で、1945年12月8日に初飛行しました。アメリカ企業の世界的な販売力もあって5,600機以上が作られたモデル47は世界中にヘリコプターの時代をもたらし、その利便性を知らしめました。なかでも操縦席を収めたガラス製のバブル胴体と鋼管骨組みのテイルブームを組み合わせたピストン単発のモデル47D/Gは、日本でも川崎重工業によりライセンス生産されました。

　1956年10月22日には8～9人の乗客を収容できる胴体を有したタービン単発のモデル204を初飛行させ、続いて胴体を延長したモデル205へと発展させました。これらの軍用型がUH-1イロコイ（通称ヒューイ）で、アメリカ陸軍をはじめとして多くの国で装備されています。またアメリカはベトナム戦争でヘリコプターをさまざまな作戦に用いましたが、その中核的存在となったのがUH-1で、ベトナム戦争の影響もあってUH-1シリーズはその後の発展型なども含めて16,000機以上が製造されました。UH-1の駆動系統を活用し、また大幅な設計変更を加えて複座の攻撃機としたのがAH-1ヒューイコブラで、1965年9月7日に初飛行して、こちらもベトナム戦争に投入されました。

　民間向けタービン単発の傑作機となったのが1962年12月8日に初飛行した5座席のモデル206ジェットレンジャーで、胴体を延長して7座席にした206Lロングレンジャーとあわせて7,300機以上が作られています。アメリカ陸軍では観測機OH-58カイオワとして、海軍では練習機TH-57シーレンジャーとして導入しました。

Ⅵ-6 アメリカ (5-1)

▼ベル47G-3B

(写真：Wikimedia Commons)

[データ：ベル47G-3B] メインローター直径11.33m、全長9.63m、全高2.82m、メインローター回転円盤面積100.8m²、空虚重量859kg、最大離陸重量1,338kg、エンジン ライカミング TVO-435-F1A (210kW) ×1、最大速度91ノット (169km/h)、優良上昇率 毎分262m、航続距離214海里 (396km)、座席数2～3

▼モデル206L-3ロングレンジャー

(写真：Wikimedia Commons)

[データ：ベル206Aジェットレンジャー] メインローター直径10.16m、全長11.82m、全高2.84m、メインローター回転円盤面積81.1m²、空虚重量587kg、最大離陸重量1,315kg、エンジン ロールスロイス250C-18 (236kW) ×1、最大速度130ノット (241km/h)、実用上昇限度6,096m、実用上昇限度4,150m、優良上昇率 毎分412m、航続距離425海里 (787km)、座席数5

Ⅵ-7 アメリカ (5-2)

近年はヨーロッパ勢に押され気味ですが、ベルも新しい人員輸送機の開発に注力しています。

ベル（続き）

　ベル205のエンジンをプラット＆ホイットニー・カナダがPT6Tツインパックにした双発機がモデル212で、1968年に初飛行しました。またモデル205に強力なライカミングT53-L-702エンジンを組み合わせて輸送力を強化したのがモデル214で、それをさらに機体を大型化するとともにエンジンを双発にした重輸送機モデル214STが作られて、1977年2月に初飛行しました。人員輸送機では、設計をガラリと変えた近代的な軽双発機モデル222が1976年8月13日に初飛行しました。流線型の胴体と引き込み脚を備えた乗客8～9人乗りのビジネス機で、133ノット（246km/h）という高速性能は高く評価されましたが、一方で汎用性を求める声も強く、降着装置をスキッドにしたUT型も作られています。モデル230は改良型で、さらに胴体を延長して余裕ある配置で客席6～8席を標準仕様にした4枚ブレードのモデル430も作られています。比較的手ごろな軽双発機として開発されたのがモデル427で、1997年12月11日に初飛行しました。その胴体延長型で、基本的な座席は7席のままですが、担架の収容力を高めて救急医療業務（EMS）に適するようにしたのがモデル429グローバル・レンジャーです。このタイプは2007年2月27日に初飛行しました。

　最新鋭機として開発が進められているのがモデル525リーントレスで、2015年7月1日に初飛行しました。メインローターは複合材料製の5枚ブレードで、民間ヘリコプターとしては初めてフライ・バイ・ワイヤ飛行操縦装置を使う実用機を目指し、また大型のキャビンをもつ双発機で、16～20人の乗客を乗せることを可能にするとされています。開発飛行試験中の2016年7月6日に墜落事故を起こしたことで安全性を高める設計変更を行ったため、型式証明の取得が目標からかなり遅れています。

Ⅵ-7 アメリカ (5-2)

▼ベル230

(写真：Wikimedia Commons)

[データ：ベル222] メインローター直径12.12m、全長15.09m、全高3.56m、メインローター回転円盤面積115.4m²、空虚重量2,200kg、最大離陸重量3,670kg、エンジン ライカミングLTS101-650C-3 (462kW) ×2、最大速度133ノット (246km/h)、実用上昇限度6,096m、優良上昇率 毎分488m、ホバリング高度限界1,280m、航続距離282海里 (522km)、座席数10 (最大)

▼ベル525リーントレス

(写真：ベル・テキストロン)

[データ：ベル525リーントレス] メインローター直径16.61m、全長19.75m、全高5.54m、メインローター回転円盤面積216.7m²、空虚重量6,270kg、最大離陸重量9,300kg、エンジン ジェネラル・エレクトリックCT7-2F1 (1,300kW) ×2、最大速度165ノット (306km/h)、実用上昇限度6,100m、ホバリング高度限界1,800m (地面効果内)、航続距離560海里 (1,037km)、乗客16〜20

Ⅵ 世界の主要ヘリコプターメーカー

191

Ⅵ-8 アメリカ（6-1）

バートルが熟成させたタンデムローター機は、今ではボーイングのヘリコプターで主力の製品になっています。

ボーイング

　1916年9月に、友人でまたアメリカ海軍の将校であったコンラッド・ウエスターバレットとの両者の頭文字を取ってＢ＆Ｗと名づけた航空機を完成させたウィリアム・ボーイングは、1916年に航空機製造会社としてパシフィック・エアロプロダクツ社を設立し、翌年にボーイング・エアプレーン社に社名を変更しました。ボーイング社は戦闘機や郵便機、旅客機など多くの機種を手がけ、第二次世界大戦中にはアメリカ陸軍の大型爆撃機を一手に引き受けていました。戦後、航空機がジェット化を迎えると自社資金でジェット旅客機の原型機を試作して、アメリカ最初の量産ジェット旅客機メーカーとなり、今日で多数のボーイング製ジェット旅客機が世界中を飛んでいることはご存じのとおりで、ここまではヘリコプターとかかわりはほとんどありませんでした。

　ただ数は多くありませんが、ボーイングもヘリコプターを製造しています。しかしそのなかに、ボーイングが主体的に設計・開発した機種は1つもありません。ほとんどが、ボーイングが吸収・合併した企業が製品として有していたもののビジネス受け継いだものです。そうした最初の企業が、パイアセッキ・ヘリコプターの流れをくんだバートル社で、1960年にボーイングに買収されました。当時バートルは、近代的なタンデムローター輸送機の開発を行っていて、1958年4月22日にＶ-107を初飛行させていました。この機種は、アメリカ海兵隊のCH-46シーナイトをはじめとして多くの国の軍で装備され、また日本でも川崎重工業がライセンス生産を行って、自衛隊向けと輸出用の製造を行いました。Ｖ-107を大幅に発展させたのが1961年9月21日に初飛行したモデルH-47チヌークで、この2機種はともにボーイングの製品として世界中で認知されています。

Ⅵ-8　アメリカ (6-1)

▼川崎 KV-107 Ⅱ A-3A

H-46となったバートルのV-107は川崎重工業でライセンス生産が行われて、陸・海・空の3自衛隊で使われた。写真は海上自衛隊機で、機雷掃海を任務としていた
(写真：Wikimedia Commons)

▼ボーイング CH-47F

アメリカ陸軍のチヌークの最新型CH-47F。後継機の登場は2060年代以降になるともいわれている (写真：アメリカ海兵隊)

Ⅵ-9 アメリカ（6-2）

ボーイングはレオナルドとの提携により、アメリカ空軍向けにAW139を製造することとなり、すでに納入を開始しています。

ボーイング（続き）

　ボーイングは1997年8月1日にマクダネル・ダグラスと合併して新生ボーイングとなりましたが、マクダネル・ダグラスはそれよりも前の1984年にヒューズ・ヘリコプターズを吸収していたので、ヒューズ・ヘリコプターズの製品もボーイングの製品になることとなりました。しかし1999年にボーイングは、民間ヘリコプター部門を持株会社のMDヘリコプターズ・ホールディングに移管し、製品としては武装ヘリコプターのAH-64アパッチだけを引き続き生産することとして、今も無人機との連携機能をもつ最新型のAH-64Eアパッチ・ガーディアンの製造を続けています。

　2010年代後半にボーイングはシコルスキーとともに、アメリカ陸軍の将来長距離強襲機計画向けにSB-1デファイアントを提案することを決めて、2019年3月21日に試作デモンストレーター機を初飛行させました。タービン双発で二重反転式メインローターと推進プロペラを組み合わせたコンパウンド機で、すぐれた高速飛行能力を追求していました。しかしアメリカ陸軍は審査の結果、2022年12月18日にベルの新ティルトローター機であるV-280の採用を決めたため、開発は中止となっています。

　2000年代中期にボーイングはアグスタウエストランド（現レオナルドヘリコプターズ）との間で、双発の中型多用途機AW139のライセンスで合意して、2007年にフィラデルフィアに生産ラインを設立しました。そこで製造する軍用型のAW139Mをアメリカ空軍は2018年9月24日に、ベルUH-1Nを使用している連絡・人員輸送機の後継機として選定しました。この機種はMH-139Aグレイウルフと命名されて、2024年に初引き渡しされました。おもな用途は捜索・救難や戦略弾道ミサイル基地の保全警戒、それら基地間の連絡飛行で、現時点では74機が調達される予定です。

Ⅵ-9 アメリカ (6-2)

▼ボーイング/シコルスキーSB-1デファイアント

(写真:シコルスキー)

[データ:ボーイング/シコルスキーSB-1デファイアント] メインローター直径17.83m、全長11.00m、全高6.43m、メインローター回転円盤面積249.7m²×2、空虚重量4,055kg、最大離陸重量5,000kg、エンジン ハニウェルT55 (3,700kW級)×2、最大速度256ノット (474km/h)、実用上昇限度3,000m、航続距離243海里 (4,500km)、乗員2

▼ボーイングMH-139Aグレイウルフ

(写真:ボーイング)

[データ:ボーイングMH-139Aグレイウルフ] メインローター直径17.06m、全長17.37m、全高4.88m、メインローター回転円盤面積288.6m²、空虚重量4,850kg、最大離陸重量8,440kg、エンジン プラット&ホイットニー・カナダRT6C-67C (820kW)×2、最大速度146ノット (270km/h)、実用上昇限度4,900m、優良上昇率 毎分732m、航続距離478海里 (885km)、乗員3~8

VI-10 インド

インドも唯一の航空機メーカーであるHALで、独自開発のヘリコプターを生みだして実用化させています。

ヒンダスタン航空機社

　1940年12月22日に設立されたヒンダスタン航空機社（HAL）が初めて手がけたヘリコプターは、フランスのシュド・アビアシオン（現エアバス・ヘリコプターズ）SA315Bラマのライセンス生産機で、続いて1961年から85年にかけては同社のSA316アルーエトⅢをチェタクの名称でライセンス生産しています。HALは、固定翼機ではさまざまな機種を製造しましたが、国の方針もあってヘリコプターの開発は行っていませんでした。それが変わったのが1979年のことで、インド政府が海軍向けの5t級の多用途双発ヘリコプターの開発をHALに命じました。これが発達型軽ヘリコプター（ALH）で、西ドイツ（当時）のメッサーシュミット・ベルコウ・ブローム（MBB、現エアバス・ヘリコプターズ）を協力企業に招き入れて開発に着手し、1992年8月20日に初飛行させました。量産機にはデュラブの愛称がつけられたこの機種は、きわめて標準的な設計のタービン双発機で、海軍では捜索・救難や対潜作戦に用いられ、さらに陸軍も戦術輸送機として導入を行いました。輸送機としては機内に、完全武装兵員14人を乗せることが可能です。特別な民間向けとしては、地理調査型も作られています。

　1990年代末期に隣国のパキスタンとの間で緊張が高まるとインドは、武装ヘリコプターの必要性を感じましたが、輸入先が見つからないことからデュラブをベースに独自開発を行うことを決めました。こうして作られたのがプラカードで、2010年3月29日初飛行しました。細身の胴体に段差をつけた縦列複座の操縦席、兵装搭載用の小翼の装備など標準的な武装ヘリコプターの機体構成をしています。兵器類は、機関砲など一部は輸入品ですが、対戦車ミサイルなどは極力国内で開発する努力が行われています。

Ⅵ-10 インド

▼HAL デュラブ

(写真：青木謙知)

[データ：HAL デュラブ] メインローター直径13.21m、全長15.87m、全高4.98m、メインローター回転円盤面積137.1m²、最大離陸重量5,800kg、エンジン チュルボメカTM333-2B2（807kW）×2、超過禁止速度157ノット（291km/h）、実用上昇限度6,100m、優良上昇率 毎分620m、航続距離340海里（630km）、乗員2＋武装兵員14

▼HAL プラカード

(写真：HAL)

[データ：プラカード] メインローター直径13.21m、全長26.95m、全高4,70m、メインローター回転円盤面積137.1m²、空虚重量2,250kg、最大離陸重量5,800kg、エンジン HAL/チュルボメカ・シャクティ1H1（1,032kW）×2、最大速度150ノット（278km/h）、実用上昇限度6,500m、優良上昇率 毎分732m、航続距離378海里（700km）、乗員2

Ⅵ 世界の主要ヘリコプターメーカー

VI-11 韓国

韓国ではKAIがヘリコプターの開発を行っており、これまではユーロコプターから大きな協力を得ています。

コリア・エアロスペース・インダストリーズ

　1999年10月1日に、大韓航空の航空産業部門を除いた韓国の航空宇宙産業を統合して設立されたコリア・エアロスペース・インダストリーズ（KAI）は、おもに韓国陸軍の要求をもとにした9t級の双発多用途ヘリコプターを独自開発することとして、2010年3月10日に試作機初飛行させました。これが韓国汎用ヘリコプター（KUH）-1で、のちにスリョン（睡蓮）の愛称がつけられています。

　KUH-1は独自開発機ではありますが、多くの部分をユーロコプター（現エアバス・ヘリコプターズ）AS332シュペルピューマを手本にしており、その開発はスムーズに進むとみられていたのですがトラブルが多く、量産型の陸軍への初引き渡しは2013年5月と初飛行から3年以上も経過してしまいました。また2016年にも設計上の問題から一時的に飛行停止処分が下されています。それでも陸軍は、医療型KUH-1Mも加えて200機以上の調達を行っています。ほかには警察向けKUH-1P、沿岸警備向けKUH-1CG、森林業務向けKUH-1FSといったタイプも提示されています。

　KUH-1と同様にユーロコプターの協力を得て開発したのが民間向けの軽民間ヘリコプター（LCH）と軍用の武装ヘリコプターの軽攻撃ヘリコプター（LAH）です。どちらも双発のH155の機体フレームを活用していて、LCHは2018年7月24日に、LAHは2019年7月14日に、試作機がそれぞれ初飛行しています。LCHは2022年9月に韓国の民間当局から型式証明を取得して、2022年12月にはチェジュ島で救急医療業務を開始しています。またほかにも、捜索・救難や森林消火などの用途が考えられています。LAHは韓国陸軍が採用を考えていますが、まだ試験作業が続けられていて、実用化には至っていません。

Ⅵ-11 韓国

▼KUH-1

(写真：KAI)

［データ：KUH-1］メインローター直径15.80m、全長19.00m、全高5.00m、メインローター回転円盤面積196.1m^2、空虚重量5,316kg、最大離陸重量8,709kg、エンジン テックウィン00-701K（1,428kW）×2、超過禁止速度157ノット（290km/h）、実用上昇限度4,590m、ホバリング高度限界3,048m、航続距離447海里（828km）、乗客数最大19

▼LCH

(写真：KAI)

［データ：LCH］メインローター直径未公表、全長12.7m、全高4.4m、最大離陸重量4,920kg、エンジンHAS-アリエル2L2（703kW）×2、最大速度143ノット（265km/h）、客席数15

VI-12 国際共同（1-1）

フランスとドイツのヘリコプター・メーカーは、航空機産業の統合によりまずユーロコプターとなり、今日ではEADS傘下のエアバス・ヘリコプターズになっています。

■ エアバス・ヘリコプターズ

　フランスでは、1957年3月10日に設立されたシュド・アビアシオンが初の近代的なヘリコプターのメーカーとなって、1955年3月12日にSE313アルーエトⅡ/SA318アルーエトⅡを初飛行させました。ちなみにこの機体はターボシャフト単発で、フランスの初期の量産ヘリコプターにはレシプロ・エンジン機はなく、最初からタービン機でした。シュド・アビアシオンは1970年にノールなどと合体してアエロスパシアルとなり、SA330ピューマ、SA341ガゼル、SA350エキュルイユ、SA360ドーファン、SA365ドーファン2など、多くの機種を開発し世界中に販売しました。西ドイツでは1968年に、ヘリコプターの始発企業としてメッサーシュミット・ベルコウ・ブローム（MBB）が設立されて、タービン双発の軽ヘリコプターBo105を1967年2月16日に初飛行させて、実用化に至っています。

　1980年代中期に冷戦が進むと、フランスと西ドイツは近代的な武装攻撃ヘリコプターが必要と考え、アエロスパシアルとMBBが両国の陸軍を満たす機種を共同で開発することにしました。これがティーガー/ティグールで、両社はプログラムを管理する機構を対等出資で設立し、ユーロコプターと名づけたのです。その後両社はそれぞれの製品群もユーロコプターの製品として統一することで合意しました。一方でヨーロッパでは1990年代以降、航空宇宙企業の国境を越えての一本化が進められて、ユーロコプターの構成企業もヨーロッパ航空防衛宇宙社（EADS）の傘下に収まることになりました。EADSは旅客機の製造企業として知られるエアバスの親会社でもあることからブランディングの統一のため、ユーロコプターも2014年1月にエアバス・ヘリコプターズに社名を変更しました。

Ⅵ-12　国際共同（1-1）

▼アエロスパシアル SA360C ドーファン

（写真：Wikimedia Commons）

［データ：アエロスパシアル SA360C ドーファン］メインローター直径 11.51m、全長 13.21m、全高 3.51m、メインローター回転円盤面積 104.0m²、空虚重量 1,580kg、最大離陸重量 3,000kg、エンジン チュルボメカ・アスタゾウ XVIIIA（783kW）×1、超過禁止速度 148 ノット（274km/h）、実用上昇限度 4,600m、優良上昇率 毎分 549m、航続距離 364 海里（674km）、座席数 10

▼ユーロコプター・ティグール HAP

（写真：エアバス・ヘリコプターズ）

［データ：ティグール HAP］メインローター直径 13.00m、胴体長 14.08m、全高 3.83m、メインローター回転円盤面積 132.8m²、空虚重量 3,060kg、最大離陸重量 6,000kg、エンジン MTR390（972kW）×2、最大速度 160 ノット（296km/h）、実用上昇限度 4,000m、優良上昇率 毎分 469m、航続距離 430 海里（796km）、乗員 4

Ⅵ　世界の主要ヘリコプターメーカー

VI-13 国際共同（1-2）

エアバス・ヘリコプターズは発足したのちにブランディングの統一を行って、製品名を変更しました。

エアバス・ヘリコプターズ（続き）

　社名を改めるとともにエアバス・ヘリコプターズは、製品名を「H」から始まる3桁の数字で統一しました。おもな製品には次のものがあります（旧称はユーロコプター当時の製品名）。

・H125：AS350エキュルイユを受け継ぐタービン単発機。
・H130：旧称EC130のタービン単発機。
・H135：旧称EC135のタービン双発機。EC135Pはプラット＆ホイットニー・カナダPW206B、H135Tはチュルボメカ・アリウス2B2をエンジンとしています。
・H145：MBBと川崎重工業が共同で開発したBK117の流れをくむタービン双発機。旧称EC145。
・H155：AS365N4として開発された双発機で、旧称はEC155。
・H160：X4の研究名で開発が行われていた中型双発機。ユーロコプター当時にはまだ製品になっておらず、2015年6月13日に初飛行し、2020年7月にヨーロッパの型式証明を取得しました。
・H175：旧称EC175の、人員輸送用を主体にした双発中型機。
・H225：AS332シュペル・ピューマの流れをくむ大型の双発機。旧称はEC225。
・タイガー：武装攻撃ヘリコプターティーガー/ティグールの輸出名称。

　ユーロコプターでは小型単発機EC120コリブリも販売していましたが、これまでのところH120の名称は与えられていません。また軍用専用のNH90もエアバスは自社製品としてリストに入れていますが、これについてはVI-11で記します。

VI-13 国際共同（1-2）

▼ユーロコプターEC135P2

（写真：Wikimedia Commons）

［データ：エアバスH135T2＋］メインローター直径10.21m、全高3.51m、メインローター回転円盤面積81.9m²、空虚重量1,455kg、最大離陸重量2,910kg、エンジン チュルボメカ・アリウス2B2（472kW）×2、超過禁止速度155ノット（287km/h）、実用上昇限度6,010m、優良上昇率 毎分457m、航続距離343海里（635km）、座席数8

▼エアバス・ヘリコプターズH160

（写真：Wikimedia Commons）

［データ：エアバスH160］メインローター直径13.40m、全長13.96m、全高4.91m、メインローター回転円盤面積141m²、空虚重量4,050kg、最大離陸重量6,050kg、エンジン サフラン・アラノ1A（955kW）×2、巡航速度138ノット（256km/h）、実用上昇限度6,096m、ホバリング高度限界2,835m（地面効果内）、航続距離475海里（880km）、座席数14

VI-14 国際共同（2-1）

EHインダストリーズの設立で提携関係を深めたイギリスのウエストランドとイタリアのアグスタは合併を決めて、アグスタウエストランド社となりました。

レオナルド・ヘリコプターズ

　1961年に設立されたイギリスのウエストランド・ヘリコプターズと、1952年にヘリコプター事業を開始したイタリアのアグスタはともに、ライセンス生産も含めて多くのヘリコプターを製造していました。なかでもウエストランドは独自開発の小型陸軍・海軍向け多用途双発機リンクスで成功を収めました。両社が共通して製造していたのがシコルスキーH-3シーキングで、1977年に両国政府は軍で使用しているこの機種の後継となる輸送・対潜・救難機の後継機を必要としていました。これに対して両社は、協力して要求を満たす規模の新型機を開発することで合意しました。1981年6月にはプログラムを管理する機構としてEHインダストリーズ（EHI）が設立されて、3発機のEH101（現AW101）の開発に着手しました。EH101の初号機は1987年10月9日に初飛行して、まずイタリア空軍とイギリス空軍向けの戦術輸送型、イタリア海軍とイギリス海軍向けの対潜作戦型が作られました。その後多くの国に輸出が行われて、日本でも海上自衛が機雷掃海機MCH-101と南極観測支援機CH-101を導入しています。

　1999年代末期にはヘリコプター製造業界の世界的な競争が厳しさを増し、EHIでの連携に成功していた両社は生き残り策として1993年3月に合併計画を発表し、2000年7月に対等合併による新会社アグスタウエストランドを設立したのです。またイタリアでは2000年代に入ってから航空宇宙産業界の統合が進められてフィンメカニカの新ブランドであるレオナルドの参加に集約され、アグスタウエストランドも2016年に社名をレオナルドにしました。他方2020年には、VIP輸送用ヘリコプターについては「アグスタ」のブランドを復活させることも決めています。

Ⅵ-14　国際共同（2-1）

▼ウエストランド・スーパーリンクス100

(写真：レオナルド)

[データ：ウエストランド・スーパーリンクス100] メインローター直径12.80m、全長15.24m、全高3.67m、メインローター回転円盤面積128.7m²、空虚重量3,277kg、最大離陸重量5,330kg、エンジン LHTEC CTS-800-4N（1,016kW）×2、最大速度175ノット（324km/h）、航続距離540海里（1,000km）、乗員2～3＋兵員8

▼レオナルドCH-101

(写真：青木謙知)

[データ：アグスタウエストランドAW101（旧称EH101）] メインローター直径18.59m、全長19.53m、全高6.62m、メインローター回転円盤面積271.5m²、空虚重量10,500kg、最大離陸重量14,600kg、エンジン ロールスロイス・チュルボメカRTM322-01（1,566kW）×3、超過禁止速度167ノット（309km/h）、実用上昇限度4,575m、航続距離750nm（1,465km）、機内最大ペイロード3,050kg、機外最大吊り下げ重量5,520kg

Ⅵ-15 国際共同（2-2）

イタリアでも航空宇宙産業の統合が行われて、全企業がレオナルド・グループの傘下に入りました。アグスタウエストランドも、レオナルド・ヘリコプターズとなっています。

■ レオナルド・ヘリコプターズ（続き）

　2000年に合併により設立されたアグスタウエストランドは、製造する機種を「AW」で統一しました。そのおもなものは次のとおりです。
・AW109：タービン双発の8座席軽ヘリコプター。旧称A109イルンド。
・AW109Sグランド：AW109の胴体延長改良型で、乗客乗員に加えて最大7人を収容。
・AW119コアラ：タービン単発の軽ヘリコプター。
・AW101：3発の大型多用途機。旧称EH101。
・A139：ベルと共同で開発した7t級中型機AB139を単独の製品にした量産型。2001年2月3日初飛行。今日の多用途機の基本型となる中核機で、大柄なAW189まで、大きさは異なりますがほぼ同様の機体外形をしています。
・AW149：AW139を大型化して8.5t級にした軍用の汎用型で、2009年11月13日に初飛行。降着装置はAW139と同様の車輪式。
・AW159ワイルドキャット：WG13リンクスの近代化発展型で、同様に海軍型と陸軍型が作られています。原型機の初飛行は2009年11月12日。
・AW169：4.8tの10席級民間機。
・AW189：8.3tで19席を設けられる民間向けの最大型機で、2011年12月11日に初飛行しました。
・A129インターナショナル：武装攻撃機A129マングスタの最新型。
・AW249：AW149の技術を活用して大幅に設計変更を行った複座の武装攻撃機。2022年8月12日初飛行。

　ほかにスイスのコプター社が開発し2014年10月2日に初飛行したSH09タービン単発機の権利を取得して、AW09に名称を変更しています。

Ⅵ-15　国際共同（2-2）

▼アグスタウエストランドAW139

（写真：レオナルド）

［データ：アグスタウエストランドAW139］メインローター直径13.80m、全長16.66m、全高4.98m、メインローター回転円盤面積149.6m²、空虚重量3,622kg、最大離陸重量6,400kg、エンジン プラット＆ホイットニー・カナダPT6C-67C（1,142kW）×2、最大速度167ノット（309km/h）、実用上昇限度6,096m、優良上昇率 毎分652m、航続距離573海里（1,601km）、最大乗客15

▼コプターAW09

（写真：レオナルド）

［データ：コプターAW09］メインローター直径10.96m、全長13.13m、全高3.74m、空虚重量1,300kg、メインローター回転円盤面積93.3m²、最大離陸重量2,850kg、エンジン サフラン・アリエル2K（750kW）×1、超過禁止速度151ノット（280km/h）、実用上昇限度6,100m、航続距離430海里（796km）、最大座席数10

Ⅵ　世界の主要ヘリコプターメーカー

207

VI-16 国際共同（3）

ヨーロッパ4カ国（のちに3カ国）が共同で陸軍向けと海軍向けのヘリコプターを同じ基本設計から開発したのがNH90です。

NHインダストリーズ

　ほぼ同様の能力をもつ新しい軍用ヘリコプターを求めていた西ドイツ（当時）、フランス、オランダ、イギリスが共同開発で合意したタービン双発の中型多用途軍用ヘリコプターで、開発にあたってはプログラムを管理する国際合弁会社NHインダストリーズ（NHI：NATOヘリコプター・インダストリーズの頭文字）が1992年に設立され、またこのときにイギリスが計画を脱退しました。今日までにヨーロッパの航空機産業の統合が進んだことで、現在の出資比率はエアバス・ヘリコプターズが62.5%、レオナルドが32%、そしてオランダのフォッカーが5.5%となっています。

　機体名称のNH90の「N」は、北大西洋条約機構（NATO）の共同開発機を意味するもので、機体には1990年代の実用化を意味して「NH90」の名がつけられました。そして1つの基本設計から陸軍向けの戦術輸送型TTH90と、海軍向けのフリゲート艦搭載対潜・救難型NFH90が作られることとなりました。試作機は1995年12月18日に初飛行しました。飛行操縦装置はフライ・バイ・ワイヤで、エンジンはジェネラル・エレクトリックCT7とロールスロイス/チュルボメカRTM322のいずれかをオペレーターが選べます。NFH90にはソナーなどの探知装置があり、また対潜/対艦ミサイルの搭載も可能です。オーストラリアが陸・海軍向けに導入したものにはMRH-90タイパンの名称がつけられました。スウェーデンは、特に捜索・救難用途にはキャビン高が低いと考えて、1.57mから1.82mに高くしたタイプを導入しています。NH90は、当初の計画どおり多くのNATO加盟諸国が導入を行い、域外諸国分もあわせて2024年の時点で500機以上を超す製造を行っています。

Ⅵ-16 国際共同（3）

▼TTH90

メインローターブレード・チップからボルテックス渦流をだして離陸するドイツ陸軍のTTH90（写真：NHI）

▼NH90

（写真：NHI）

［データ：NH90標準仕様］メインローター直径6.31m、全長19.56m、全高5.31m、メインローター回転円盤面積208.9m^2、空虚重量6,400kg、最大離陸重量10,600kg、エンジン ジェネラル・エレクトリックCT7-8E（1,845kW）またはロールスロイス/チュルボメカRTM3221/9（1,802kW）×2、最大速度160ノット（296km/h）、実用上昇限度6,010m、優良上昇率 毎分488m、航続距離430海里（793km）/540海里（1,000km（NFH）、機内最大ペイロード4,200kg

VI-17 中国（1）

中国の統合航空機産業であるAVICのなかで、民間向けヘリコプターを専門に開発しているのがアビコプターです。

アビコプター

　中国の航空機産業をひとまとめにした中国航空工業集団公司（AVIC）のなかで、ヘリコプターを受けもつ部門がアビコプターと呼ばれていて、直昇8（Z-8）に大幅な改良/発展を加えたAC313を開発し、2010年3月18日に初飛行させました。直昇8F-100として計画されていた改良案が出発点で、大きな変更点の1つがエンジンです。3発機である点は同じですが、プラット＆ホイットニー・カナダPT6B-67A（1,448kW）となってわずかにパワーアップされ、最大離陸重量も5%あまり引き上げられています。
　主ローター・ブレードを複合材料製に変更することもAC313の開発で主眼にされた1つで、ブレード全体の50%が複合材料製で、残りはチタニウム合金が主体になっています。胴体には大きな設計変更が加えられて、下側は艇体形状ではなく平らな通常のスタイルになりました。主用途は人員輸送で、胴体内は通路を挟んで左右に2席ずつを設けることができ、最大客席数は27席になります。貨物輸送では機内に最大4,000kgを搭載することができ、胴体下面の貨物フックを使っての吊り下げ最大ペイロードは5,000kgとされています。AC313は当初、2011年には中国の民間型式証明を取得して実用化するとされていましたが、新しい電子機器の開発が難航したようで、加えて、細かなものも含めてフレームへの設計変更が繰り返された結果、まだ実用化されていません。アビコプターではこのほかにも直昇-11の改良型AC301/301A、タービン単発の6座席機AC311（2010年11月8日初飛行）を開発していて、また直昇9の発展型であるH410もAC312の名称で作業を引き継いでいます。さらに単発で4枚ブレードの主ローターをもつ4〜5トンの軽ヘリコプターをAC312Cの計画名で研究していて、2016年の初飛行を目標にしていますが、開発の現状は不明です。

▼アビコプターAC313

(写真：AVIC)

[データ：アビコプターAC313] メインローター直径18.86m、全長24.10m、全高6.40m、メインローター回転円盤面積279.4m^2、空虚重量6,750kg、最大離陸重量13,000kg、エンジン プラット＆ホイットニー・カナダPT6B-67A (1,491kW)×3、最大速度135ノット (250km/h)、実用上昇限度3,400m、航続距離556海里 (1,050km)、標準客席数27

▼アビコプターAC313Aの冬季試験

2024年1月にチベットの高地で寒冷地試験を行ったAC313 (写真：AVIC)

VI-18 中国（2-1）

中国で最初にヘリコプターの製造を手がけたのは哈爾浜飛機で、続いて昌河飛機もそれに加わっています。なお「飛機」とは中国語で「飛行機」のことです。

昌河飛機工業／哈爾浜飛機工業

　中国で最初にヘリコプター（直昇機（Z））の製造を行ったのは哈爾浜飛機工業で、1956年にソ連からミルMi-4"ハウンド"ピストン単発のライセンス生産権を取得して製造を開始し、1958年12月14日に国産初号機を初飛行させました。この直昇5（Z-5）は数少ないヘリコプターとして軍・民双方（特に軍）で重用されました。タービン・エンジンの実用化が進んで中国でも東莞が渦奨5（WJ-5）を開発すると、それをターボシャフト化して搭載し、さらに機体を大型化した直昇6（Z-6）が開発されて1969年12月15日に初飛行しましたが、安全性に問題があるなどして実用化には至りませんでした。

　1977年から78年にかけて中国海軍は、フランスからアエロスパシアル（現エアバス・ヘリコプターズ）SA321を購入し、昌河飛機工業でそのコピー生産を開始しました。これが直昇8（Z-8）で、1985年12月11日に初飛行しました。基本的にはSA321と同じ艦載の大型対潜および捜索・救難機として人民解放海軍が装備しましたが、中国ではさらに人民解放陸軍向けの輸送型も開発し、強襲輸送機直昇8Aとして実用化させていて、その降着装置を簡素で長い固定脚にした直昇8Bも開発しています。直昇8自体は旧式化が進みましたが、昌河ではコクピットをグラス化するなどの搭載電子機器をアップデートした直昇18（Z-18）を開発していて、レーダーやディッピングソナーなどを装備した対潜作戦型や空中早期警戒型なども軍用派生型として生産し、実用化させています。

　なお昌河は、近年ではアエロスパシアルSA350エキュルイユ単発機をコピー生産した直昇11（Z-11、1994年12月16日初飛行）の生産も行っていて、おもに軍の訓練ヘリコプターとして装備が行われています。

▼レーダーを降ろした空中早期警戒型昌河Z-18

(写真：Chinese Internet)

[データ：昌河Z-8] メインローター直径19.90m、全長23.04m、全高7.01m、メインローター回転円盤面積311.0m²、空虚重量7,000kg、最大離陸重量13,800kg、エンジン 常州 渦奨6C(1,300kW)×3、最大速度181ノット(335km/h)、実用上昇限度9,000m、機内最大ペイロード約5t

▼昌河Z-11

(写真：Chinese Internet)

[データ：昌河Z-11] メインローター直径10.69m、全長13.01m、全高3.24m、メインローター回転円盤面積89.8m²、空虚重量1,253kg、最大離陸重量2,200kg、エンジン 黎明 渦奨8WZ8D(510kW)×1、最大速度150ノット(278km/h)、実用上昇限度5,240m、ホバリング高度限界3,700m(地面効果内)/3,379m(地面効果外)、最大航続距離324海里(600km)、座席数5

Ⅵ-19 中国（2-2）

昌河飛機工業では、武装攻撃ヘリコプターを2機種開発しています。そのうちの1つは、アメリカのアパッチによく似ています。

昌河飛機工業

●直昇10霹靂火

2003年4月29日に初飛行した中国が独自に設計・開発した初の本格的な武装攻撃ヘリコプターで、エンジンにはプラット＆ホイットニー・カナダPT6C-67が使われています。主ローターは5枚ブレードで、反トルク機構のテイルローターは4枚ブレードで直交はさせておらず、オフセット角度をつけて組み合わされています。胴体は非常に細く、縦列複座のコクピットは前席にパイロット、後席に副操縦士/射撃手が乗り組むという、この種の機種では一般的な構成です。機首部には前方監視赤外線やテレビ、レーザーといった電子光学センサーを収めているとみられるターレットがあり、その下には23mm機関砲がつけられています。ミサイルなどの兵装類は機体中央左右にある小翼に搭載し、片翼2カ所ずつの搭載ステーションがあります。画像赤外線/テレビ/レーザー誘導式のHJ-10ミサイルならば4発1組で装着しますので、最大携行数は16発になります。中国人民解放陸軍向け量産型は2003年に就役を開始したとされます。

●直昇21

2024年3月22日に中国のインターネットに、複数の新型ヘリコプターの写真が掲載されました。撮影場所は明らかにされていませんが、機種名については直昇21（Z-21）だとされています。その形状はアメリカのボーイングAH-64アパッチによく似ていますが、最近の開発状況は不明です。比較的速いペースで作業が行われているといわれ、2027年ごろには実用就役を開始する見込みという情報もあります。

▼昌河 直昇10

(写真：Chinese Internet)

[データ：直昇10] メインローター直径12.00m、ローター回転時全長14.10m（機関砲含む）、全高3.84m、小翼幅4.32m、メインローター回転円盤面積132.7m²、空虚重量5,543kg、最大離陸重量7,000kg、エンジン プラット＆ホイットニー・カナダ PT6C-67C (1,268kW) ×2、最大速度148ノット (275km/h)、実用上昇限度6,400m、ホバリング高度限界2,000m（地面効果外）、フェリー航続距離605海里 (1,120km)、乗員2

▼昌河 直昇21

開発中の新武装攻撃ヘリコプターである直昇21。まだくわしい情報は伝わってきていない
(写真：Wikimedia Commons)

VI-20 中国（2-3）

　中国は開放政策をとると、哈爾浜飛機工業でアエロスパシアルSA365Nドーファン2のライセンス生産を開始して、近代的なヘリコプター製造の幕を開けました。

哈爾浜飛機工業

　1970年代中期に中国が開放政策をとり始めると、さまざまな分野で西側技術の流入が始まり、ヘリコプターも例外ではありませんでした。中国政府は哈爾浜飛機工業にライセンス生産を行う新時代のヘリコプターの選定を行わせて、ベル212との比較の末アエロスパシアルSA365Nドーファン2に決定して直昇9（Z-9）として生産に着手しました。まずコンポーネントなどの供給を受けてノックダウン生産を行い、次第に国産化比率を高めて、完全国内生産に移行しました。また契約では、独自の派生型の開発も進められていましたので、中国ではその研究にも着手しています。

　SA365Nは用途範囲の広い多用途機であり、Z-9もそれを受け継いで多くのタイプが作られています。おもなものは次のとおりです。

- 直昇9A-100：Z-9Aの国内市場向けタイプで、1992年1月16日に初飛行し、12月20日に民間型式証明を取得しました。
- 直昇9A C2：直昇9A-100をベースに、指揮・統制任務用とした火力目標指示型。
- 直昇9B：直昇9A-100をベースにした軍用多用途型。
- 直昇9C：海軍向けの対潜作戦型で、（魚-7）Yu-7-魚雷も携行できます。
- 直昇9D：海軍型で、KJ-1B対艦ミサイルを搭載可能です。
- 直昇9EC：パキスタン海軍向けの対潜作戦型で、パルス圧縮レーダー、低周波数吊り下げ式ソナー、レーダー警戒受信機、ドップラー航法装置などを備えています。
- 直昇-9W：武装攻撃型でロケット弾ポッドやHJ-8/-8E筒発射式対戦車ミサイルなどを携行でき、キャビン上部にジャイロ安定式の照準器を備えています。輸出名称はZ-9Gです。

▼哈爾浜 直昇9B

(写真：Chinese Internet)

［データ：哈爾浜Z-9B］メインローター直径11.94m、全長12.11m、全高4.01m、メインローター回転円盤面積111.9m²、空虚重量2,050kg、最大離陸重量4,100kg、エンジン 黎明 渦奨8A（632kW）×2、最大速度165ノット（306km/h）、実用上昇限度4,511m、ホバリング高度限界2,600m（地面効果内）/1,600m（地面効果外）、フェリー航続距離540海里（1,000km）、座席数12

▼哈爾浜 直昇9F

胴体側面にYu-7魚雷を搭載した海軍型の直昇9CF（写真：Chinese Internet）

VI-21 中国（2-4）

哈爾浜飛機は直昇9をベースにした武装ヘリコプター、シコルスキーS-70をコピーした多用途ヘリコプターも開発しています。

哈爾浜飛機工業（続き）

●直昇19

　ライセンス生産を行った直昇9の駆動系などを活用して胴体を再設計して本格的な武装攻撃ヘリコプターとしたのが直昇19（Z-19）黒旋風で、2011年に初飛行しました。タンデム複座の細身の胴体を有し、反トルク・システムはZ-8と同様のフェネストロンになっています。主要なセンサーとしては機首下面に赤外線／テレビ／レーザーの電子光学機器類を収めたターレットがあり、またメインローターマスト頂部にフェアリングを備えたものも確認されています。ただフェアリングは小さく、センサー類が入っているかは不明です。

●直昇20

　アメリカのシコルスキーS-70を入手してリバース・エンジニアリングにより開発を行ったのが直昇20（Z-20）で、2013年12月23日に初飛行しました。最初の製造機はS-70A（ブラックホーク）同様の尾輪式を使用した強襲輸送型の直昇20Wで、それに武装搭載能力をもたせ、また前方監視赤外線装置などのセンサーを備えた直昇20KA、捜索救難型の直昇20KSの存在も伝えられています。S-70でS-70Bが作られたのと同様に、尾輪を廃止してテイルブームの付け根に新たな固定式の太い脚を備えた艦載型も作られていて、直昇20Fと呼ばれています。機首下面に扁平の円形レドームを備え、胴体側面にソノブイ投射管をもち、胴体側方に兵器などを搭載する小翼を備えるなど、アメリカ海軍のSH-60B/Fシーホークによく似た機体構成になっていて、艦船からの作戦を主用途にするもののようです。一方でテイルブームの付け根上部には、データリンク用と思われる球形のレドームがあります。どのタイプもメインローター・ブレードは5枚で、4枚ブレードのS-70との相違点になっていますが、枚数を増やした理由は不明です。

VI-21　中国（2-4）

▼哈爾浜 直昇19

（写真：Chinese Internet）

［データ：直昇19］メインローター直径11.93m、全長11.99m、全高4.01m、メインローター回転円盤面積111.8m²、空虚重量2,350kg、最大離陸重量4,250kg、エンジン　利茗　渦軸8C（700kW）×2、最大速度150ノット（278km/h）、海面上昇率 毎分549m、実用上昇限度6,000m、航続距離380海里（704km）、乗員2

▼哈爾浜 直昇20F

（写真：Chinese Internet）

［データ：哈爾浜Z-20］メインローター直径約16m、全長約20m、全高約5.3m、メインローター回転円盤面積約201m²、空虚重量約5,000kg、最大離陸重量約10,000kg、エンジン　成都渦奨10（2,000kW）×2、最大速度190ノット（352km/h）、実用上昇限度約6,000m、優良上昇率 毎分約427m、航続距離約300海里（556km）、機内最大ペイロード4,200kg

VI-22 フランス

フランスで独立系ヘリコプター・メーカーとして残っているエリコプテーレ・ギンバルは、小型の練習機専門の開発・製造企業です。

エリコプテーレ・ギンバル

　ユーロコプターに所属していたブルーノ・ギンバルは小型ヘリコプターを設計し、その事業化のために独立して2000年にエリコプテーレ・ギンバルを設立しました。フランスの航空宇宙産業界は統合化が進んでほとんどがEADSの傘下に収まっていますが、この企業だけは独立を維持しています。これまでのところ製品はピストン単発の複座小型機機カブリG2のみで、エアバス・ヘリコプターズがEC120コリブリよりも安価で訓練に適した機体を目指して開発していたものを生産型としたものです。

　カブリG2の初号機は2005年3月31日に初飛行して、2008年に型式証明を取得して実用化されました。複合材料製3枚ブレードのメインローターにフェネストロン反トルクシステムを組み合わせているのが大きな特徴で、2014年2月にはアメリカ市場への進出も果たし、さらにはイギリスでの顧客獲得にも成功して、これまでに24カ国から型式証明の交付を受けていて、300機以上を販売しています。その70%程度が、訓練目的での購入だとされています。

　搭載電子機器はこのクラスの機種としては高級で、電子パイロット管理システムと呼ぶ装置を備えて3基のカラー液晶表示装置により飛行情報やエンジン関連情報などを表示するグラス・コクピットが標準装備になっています。さらに座席や燃料タンクは高い耐衝撃性を備えていて、ヘリコプターで唯一アメリカ連邦航空局の墜落耐性燃料システムの要件を完全に満たすという、安全性の高さも有しています。

　ライバルとなるのはアメリカのロビンソンR22ですが、R22が4座席のR44に発展したのとは異なりギンバルでは今のところ座席数増加型の開発は考えていないようです。

VI-22 フランス

▼エリコプテーレ・ギンバル カブリG2

まったくさえぎるもののない、良好な前方視界が得られるG2の操縦席
(写真:エリコプテーレ・ギンバル)

▼エリコプテーレ・ギンバル カブリG2

(写真:エリコプテーレ・ギンバル)

[データ:カブリG2] メインローター直径7.19m、全長6.31m、全高2.37m、メインローター回転円盤面積40.6m^2、総重量700kg、エンジン ライカミング O-360-J2A (108kW) ×1、最大速度100ノット (185km/h)、実用上昇限度3,963m、航続距離380海里 (704km)、座席数2

VI-23 ロシア（1-1）

ミルがロシア最大のヘリコプター・メーカーであることは今も変わりなく、これからもロシアのヘリコプターを牽引していく存在であり続けるでしょう。

■ ミル

　旧ソ連ではいくつかの設計局がヘリコプターの製造を試みましたが、最終的に多くの機種を作り上げたのはカモフ設計局とミル設計局だけで、どちらも今日のロシアを代表するヘリコプター・メーカーになっています。カモフの機種はすべて同軸二重反転式のメインローターを使っています（Ⅲ-2参照）。

　ミル設計局の機種は通常形式のもので、この設計局最初の量産機が1948年9月20日に初飛行させたピストン単発のMi-2"ヘア"です。1961年9月22日にはそのエンジンをターボシャフトにしたMi-2"ホプライト"が初飛行し、続いて1952年6月3日に初飛行した大型のピストン単発機Mi-4"ハウンド"は、中国での生産機も含めて、4,000機を超える生産が行われています。1957年6月5日に初飛行したタービン双発のMi-6"フック"は、総重量40.5t、機内最大ペイロード12tという超大型機で、それをベースにしたクレーン機Mi-10"ハーク"も作られています。続いて双ローターの大型機Mi-12"ホーマー"が作られましたが、こちらは1機しか完成しませんでした。

　初期のミルの大成功作となったのが双発の多用途機Mi-8"ヒップ"で、1961年7月7日に初飛行し、使いやすさや頑丈さなどが高く評価されて、多くの同盟国で使用されました。エンジンの出力増加改良にあわせてMi-8のテイルローターの取りつけ位置を左右入れ替えて左配置の推進式にしたのがMi-17"ヒップH"で、以後はこれが標準仕様になっています。Mi-17の胴体を水密艇体型にして海軍向けの対潜哨戒／捜索救難機としたのがMi-14"ヘイズで、またMi-17の胴体延長試作機のMi-18や空中指揮所型Mi-19も計画されましたが、製造は行われていません。なおMi-8は日本の朝日ヘリコプター（現朝日航洋）が1982年に1機を購入し、Mi-8PAの型式名で登録していますが、この機体は実質的にはM-17と同じものでした。

Ⅵ-23　ロシア（1-1）

▼ミル Mi-8T "ヒップ C"

（写真：Wikimedia Commons）

［データ：ミル Mi-8T］メインローター直径 21.29m、全長 18.39m、全高 5.51m、メインローター回転円盤面積 355.8m^2、空虚重量 7,100kg、最大離陸重量 13,000kg、エンジン　クリモフ TV3-117MT（1,454kW）×2、最大速度 130ノット（241km/h）、実用上昇限度 5,000m、航続距離 267海里（494km）、座席数 27

▼ミル Mi-14 "ヘイズ A"

（写真：Wikimedia Commons）

［データ：ミル Mi-14］メインローター直径 21.29m、全長 18.38m、全高 6.93m、メインローター回転円盤面積 356.0m^2、空虚重量 11,750kg、最大離陸重量 14,000kg、エンジン　クリモフ TV3-117MT（1,454kW）×2、最大速度 120ノット（222km/h）、実用上昇限度 3,500m、フェリー航続距離 613海里（1,135km）、乗員 4〜8

223

VI-24 ロシア (1-2)

ミルが開発したMi-26"ハロ"は誕生当時から世界最大のヘリコプターで、それを上回るものはまずでてこないと考えられています。

ミル（続き）

　Mi-8をベースに武装攻撃機としたのがMi-24"ハインド"で、試作機が1969年9月19日に初飛行しました。コクピットは並列複座で、その後方に兵士8人が乗れるキャビンを有し、胴体中央に設けた小翼にミサイルやロケット弾ポッドを搭載できました。コクピットをタンデム複座にして前席に射撃手、後席にパイロットが座るアメリカ式スタイルにしたのがMi-24D"ハインドD"ですが、兵士が乗るキャビンは残されました。ただ攻撃を受けた際に攻撃ヘリコプターと兵士を同時に失うリスクがあり、多くの場合兵士は乗せずに純粋な攻撃機として運用されています。このタイプではいくつかの派生型が作られ、輸出向けとしたのがMi-35で、購入国により細かな違いがあります。

　1997年12月17日に初飛行したのが超大型の双発機Mi-26"ハロ"で、8枚ブレードのメインローターをもち、最大離陸重量は5.6t、最大ペイロードは20tもあって、多くのヘリコプター重量世界記録をもち、また現時点まで世界最大のヘリコプターとなっています。これに続いて開発されたのが本格的な攻撃ヘリコプターのMi-28"ハボック"で、旧ソ連版アパッチとも呼ばれる機種です。1982年11月10日に初飛行して、カモフKa-50"ホーカム"と採用の座を競いましたが敗れてしまいました。しかし過去の実績やミル設計局の政治力から、約100機の採用を獲得し、現在はレーダー装備型で夜間作戦能力を有するタイプが製造されています。

　1986年11月17日には民間向けピストン単発のMi-34"ハーミット"が初飛行しましたが需要はなく、2011年までに27機を製造したのみに終わっています。ただ発展型でエンジンをターボシャフトにするMi-44の開発が進められています。

Ⅵ-24　ロシア（1-2）

▼ミルMi-24P"ハインドF"

（写真：青木謙知）

［データ：ミルMi-24D］メインローター直径17.30m、全長19.79m、全高6.50m、メインローター回転円盤面積235.1m²、空虚重量8,500kg、最大離陸重量12,000kg、エンジン　クリモフTV3-117（1,600kW）×2、最大速度181ノット（335km/h）、実用上昇限度4,900m、航続距離240海里（444km）、乗員2

▼ミルMi-26

（写真：ロシアン・ヘリコプターズ）

［データ：ミルMi-26］メインローター直径32.00m、全長40.03m、全高8.15m、メインローター回転円盤面積804.3m²、空虚重量28,200kg、最大離陸重量56,000kg、エンジン　ZMKBプログレスD-136（8,500kW）×2、最大速度159ノット（294km/h）、実用上昇限度4,600m、航続距離270海里（500km＝ペイロード7.7t時）、最大兵員搭載数90

Ⅵ-25 日本（1）

ベル47のライセンス生産でヘリコプター事業を始めた川崎重工業は、大小さまざまな機種を製造してきています。

川崎重工業

　川崎重工業のヘリコプターの歴史は、陸上自衛隊向けベル47Dのライセンス生産で始まり、1954年に初号機を完成させて納入しました。続いて発展型のベル47Gの生産に着手し、独自に改良を加えて4座席にした川崎ベル47G3B-KH4を1962年8月2日に初飛行させています。1960年代後半には独自設計の7座席級KH-7の研究に着手し、一方で西ドイツ（当時）でもMBBがBo105の大型化を検討して、Bo107の開発計画を立てました。機体規模が似ていることから両社は話し合いを開始して、1977年2月25日にタービン双発で7～10座席機の共同開発で合意し、両社の頭文字と座席数を組み合わせてBK117と名づけた機体の開発・製造に着手したのです。

　BK117の初号機は1979年6月13日に西ドイツで初飛行し、日本組み立ての初号機の初飛行は同年8月10日でした。型式証明の交付は西ドイツが1982年12月9日、日本が同月17日でした。機体は標準的なポッド・アンド・ブーム構成ですが、ユニークな特徴としてはBo105シリーズの伝統を受け継いで胴体最後部にクラムシェル型の左右開きの貨物扉を有していることで、これにより機体後方からの長尺貨物の積み下ろしが可能になっています。現在ではエアバス・ヘリコプターズの製品でもあり、H145と呼ばれています。シリーズ最新型がBK117-D3です。1996年8月6日に初飛行したのがタンデム複座のOH-1で、陸上自衛隊の観測・偵察機として導入されています。ほかにもバートルV-107、ボーイングCH-47といったタンデムローター機をライセンス生産しています。

Ⅵ-25　日本（1）

▼MBB／川崎BK117-D3

（写真：Wikimedia Commons）

［データ：MBB／川崎BK117-D3］メインローター直径10.80m、全長11.69m、全高4.00m、メインローター回転円盤面積91.6m^2、最大離陸重量3,800kg、エンジン　チュルボメカ・アリエル2E（755kW）×2、最大速度142ノット（263km/h）、実用上昇限度6,010m、航続距離390海里（722km）、最大座席数10

▼川崎OH-1

（写真：Wikimedia Commons）

［データ：川崎OH-1］メインローター直径11.6m、全長13.4m、全高3.8m、メインローター回転円盤面積105.7m^2、自重5,000kg、最大重量4,000kg、エンジン　三菱TS1-M-10（597kW）×2、最大速度146ノット（270km/h）、実用上昇限度4,880m、航続距離97海里（550km）、乗員2

Ⅵ　世界の主要ヘリコプターメーカー

227

VI-26 日本（2）

富士重工業から社名を変更したSUBARUは、航空機では陸上自衛隊向けヘリコプターの製造が事業の中核です。

SUBARU

　戦後日本の三大航空機メーカーの一角を占めていた富士重工業は、2017年4月1日に社名をSUBARUに変更しました。富士重工業当時のヘリコプター製造は、陸上自衛隊向けにベル204をHU-1B（のちにUH-1B）をライセンス生産したのがスタートで、続いてキャビンを大型化したベル205をHU-1H（のちにUH-1H）も製造し、この2機種で222機を作っています。さらにUH-1Hをパワーアップするとともに搭載装備品を大幅に近代化したタイプがUH-1Jとして採用されて、こちらも129機を製造しました。

　陸上自衛隊が空中火力として攻撃ヘリコプターの導入を決めると、まずベルAH-1Sコブラをライセンス生産して90機を納入しました。AH-1Sの後継機としてボーイングAH-64Dアパッチ・ロングボウの装備が決まるとこちらもライセンス生産することになりましたが、導入時期が弾道ミサイル防衛の装備開始と重なってそちらに予算が重点的に回されて、AH-64Dの調達はわずか13機に終わっています。2015年7月17日には陸上自衛隊の次期多用途ヘリコプター計画で、SURARUが国内生産することを決めていたベルの中型4発機モデル412EPIをベースとする機体の採用が決まって、UH-2と名づけられました。グラス・コクピットや完全デジタル式のエンジン制御装置を備え、赤外線センサーや画像の転送装置なども装備しています。またテイルブーム後端のフィンには、ファストフィンと呼ばれるストレーキと後縁の切り欠きが設けられて、テイルローターの効きと方向安定性の強化を実現しています。

　SUBARUで製造された試作機XUH-2は2018年12月25日に初飛行し、2019年2月28日に防衛省に納入されて各種の試験が行われ、2021年6月24日に部隊使用承認が下りています。量産型UH-2は2022年5月19日に初号機が初飛行し、同年6月30日に陸上自衛隊に引き渡されました。

Ⅵ-26 日本（2）

▼富士 UH-1J

（写真：陸上自衛隊）

［データ：富士UH-1J］メインローター直径14.63m、全長13.77m、全高4.08m、メインローター回転盤面積168.1m^2、空虚重量2,116kg、最大離陸重量4,409kg、エンジン アリソンT53-L-703（1,342kW）×1、最大速度204km/h、実用上昇限度3,871m、優良上昇率毎分488m、航続距離517km、乗員15

▼ベル412EPI

（写真：SUBARU）

［データ：ベル412EPI］メインローター直径14.02m、全長15.89m、全高4.54m、メインローター回転盤面積154.4m^2、空虚重量3,207kg、最大離陸重量12,200kg、エンジン プラット＆ホイットニー・カナダPT6-9（837kW）×2、最大速度132ノット（244km/h）、実用上昇限度6,096m、ホバリング高度限界5,364m（地面効果内）/2,042m（地面効果外）、航続距離357海里（661km）、最大ペイロード1,827kg

Ⅵ 世界の主要ヘリコプターメーカー

VI-27 日本（3）

独自開発の民間機MH-2000は不発に終わりましたが、三菱重工業はH-60シリーズの独自発展型の開発を続けています。

三菱重工業

　三菱重工業のヘリコプター製造の歴史は、シコルスキー社製ヘリコプターのライセンス生産とともに歩んできました。最初に手がけたのはS-55チッカソーで、陸上自衛隊向けにH-19Cを14機、海上自衛隊向けにS-55Aを10機、航空自衛隊向けにS-55Cを17機製造しています。1964年にはシコルスキーS-61のライセンス生産を開始して、海上自衛隊向けに対潜作戦機HSS-2と捜索・救難機S-61Aを全部で131機製造しました。海上自衛隊はHSS-2の後継にシコルスキーSH-60Jシーホークの採用を決めて、こちらも三菱重工業がライセンス生産を行っています。そしてシーホークのもとになったS-70A設計機についても製造を行い、陸上自衛隊に多用途機UH-60J、海上自衛隊と航空自衛隊に捜索・救難機UH-60Jとして納入しています。いずれのタイプも改良・近代化発展型が作られていますが、なかでもSH-60はキャビン内部の高さを高めるとともに三菱重工業が独自に設計したメインローターブレードを備えた独自型SH-60Kに進化し、さらにメインローター・ブレード・システムを改良したSH-60Lへと進んでいます。

　SH-60Kは2001年8月9日に初飛行して、2005年3月31日に部隊使用承認が下りて実用化されました。またSH-60Kは海上自衛隊で捜索・救難機のUH-60Jが減勢すると、その後継機用途への改修が行われることになっています。SH-60Lの試作機は、2021年5月12日に初飛行し、2023年12月22日に開発を完了しました。民間機としては1996年7月29日にタービン双発の4.5t機のMH2000を初飛行させました。1997年6月に型式証明を取得しましたが注文が集まらず、7機を製造しただけでプログラムを終了しています。

Ⅵ-27 日本（3）

▼三菱SH-60L

（写真：山田 進）

［データ：三菱SH-60K］メインローター直径16.4m、全長19.8m、全高5.4m、メインローター回転円盤面積213.8m²、設計最大重量10,900kg、エンジン ジェネラル・エレクトリック/IHI T700-IHI-401C（1,592kW）×2、超過禁止速度139ノット（257km/h）、実用上昇限度4,000m、航続距離486海里（900km）、乗員最大12

▼MH2000

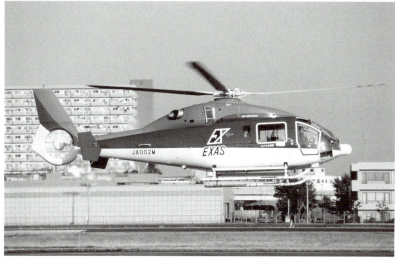

（写真：石原 肇）

［データ：三菱MH2000］メインローター直径12.2m、全長14.0m、全高3.8m、メインローター回転円盤面積116.9m²、自重2,500kg、最大離陸重量4,500kg、エンジン 三菱MG5-110（653kW）×2、超過禁止速度152ノット（280km/h）、ホバリング高度限界2,700m、航続距離421海里（780km）、座席数最大10

●参考文献

『Basic Helicopter Handbook　FAA AC611-13B』　社団法人日本航空技術協会 (1981)

『ヘリコプタ ABC』　社団法人日本航空技術協会 (1992)

『Jane's Combat Simulations AH-64D LONGBOW』
　Tuesda Frase and Jennifer Spohrer 著　青木謙知 翻訳・監修
　エレクトロニックアーツビクター (1996)

『The Osprey Encyclopedia of Russian Aircraft』
　Bill Gunston　Osprey Aviation (2000)

『中国航空戦力のすべて』　青木謙知　SBクリエイティブ (2015)

『月刊 航空ファン』各号　文林堂

『月刊 軍事研究』各号　ジャパン・ミリタリー・レビュー

※そのほか、各社・各機関の資料・ホームページなどを参考にさせていただきました

索引 INDEX

英数字

CCPM	26
CSAR	166
EMS	140
eVTOL	10
MDヘリコプターズ	178
NHインダストリーズ	208
PLH	142
SUBARU	228
VRS	62

あ

アビコプター	210
移動揚力	68
インターメッシング	86
エアタクシー	50
エアバス・ヘリコプターズ	200、202
エンジン排気口	24
エンストロム・ヘリコプター	178
オートジャイロ	10
オートローテーション	28、80、82
抑え角	56

か

カーゴフック	48
海上警備	142
回転翼機	26
ガスタービン・エンジン	20
カマン	180
川崎重工業	226
観光飛行	154
キャビン	42
救急医療業務	140
機雷掃海	170
空気渦流状態	62
空気取り入れ口	24
クラッチ	28
クラムシェル・ドア	16
警察ヘリコプター	146
型式限定	14
警視庁航空隊	146
攻撃専用ヘリコプター	160
交差反転式ローター	86、88、90、92
高速飛行	72
後退側ブレード	70
降着装置	50
コーニング	60
固定翼型	30
固定翼機	26
コリア・エアロスペース・インダストリーズ	198
コレクティブ・レバー	40、64、66
コンパウンド・ヘリコプター	130

さ

再クリック/コレクティブピッチ・ミキシング	26
サイクリック操縦桿	40、64、66
シーソーローター・システム	30
シコルスキー	182、184
失速	56
地面効果	62
ジャイロプレーン	10
車輪式	50
縦列複座	46
出力の仕返し	62

233

シュワイザー	180
消火作業	144
消防活動	144
人員輸送	136
シンクロプター	86
水平運動	68
スキッド	74
スキッド式	50
スリップ	74
スリング	48
スワッシュプレート	26
セットリング・ウイズ・パワー	62
旋回	74
全関節型	30
前進側ブレード	70
戦闘捜索救難	166
操縦席	40
空飛ぶクルマ	10

た

ターボシャフト	20
ダウンウォッシュ	62
タキシング	50
タクシー	50
単座機	44
タンデム複座	46
タンデムローター形式	112、114、116
地域防災	148
チップジェット式	128
昌河飛機工業	212、214
ツインパックエンジン	20
通常揚力	68
翼型	54
ディッピング・ソナー	162
ティルトウイング	126
ティルトローター	120、122、124
テイルブーム	18
テイルローター	12

同軸二重反転式	94、96、98、100
	102、104、106、108、110
胴体	16
胴体ポッド	12、18
特殊戦	168
ドクターヘリ	140
トランスミッション	28
取りつけ角	56
トルクカ	34

な

燃料	22
燃料タンク	22
ノーター	38
ノーフレア・オートローテーション	82

は

バイスタティック	162
パイロット訓練	156
剥離	56
はためき運動	78
パトロール	150
哈爾浜飛機工業	212、216、218
半関節型	30
反トルクカ	34
飛行操縦装置	64
ピストンエンジン	20
ヒンダスタン航空機社	196
フィルター	24
フェネストロン	36
不均衡揚力	58、60
物資輸送	134
ブラックホール	24
フリータービン	20
フリーホイール・ユニット	28
フレアード・オートローテーション	82
ブレード失速	72
ブレードチップ	32

フレットナー・システム ………………	86
プロップローター ……………………	120
並列双ローター形式 …………………	118
並列複座 ……………………………	44
ヘリコプター・ギンバル ……………	220
ヘリコプター・パイロット養成 ………	174
ヘリコプター搭載大型巡視船 ………	142
ヘリコミューター ……………………	136
ヘリボーン …………………………	164
ベル …………………………	188、190
ベルヌーイの定理 ……………………	54
方向制御ペダル ……………………	64
防災ヘリコプター ……………………	148
報道ヘリコプター ……………………	152
ボーイング …………………	192、194
ポッド・アンド・ブーム ………………	12
ホバリング …………………	58、76
ホバリング・オートローテーション ……	82
ホバリング旋回 ………………………	78
ホバリング前進飛行 …………………	78
ホバリング側進飛行 …………………	78
ボルテックス・リング・ステート ………	62

ま

マルチタスク …………………………	162
三菱重工業 ……………………………	230
ミル …………………………	222、224
無関節型 ……………………………	30
メインローター ………………………	12
メインローター・ヘッド ………………	26
モノスタティック ……………………	162

や

薬剤散布 ……………………………	138
誘導流 ………………………………	62
遊覧飛行 ……………………………	154
要人輸送 ……………………………	172
揚力 …………………………………	54

揚力の非対称 ………………………	70

ら

ライセンス生産 …………	226、228、230
ラダベーター …………………………	124
領海監視 ……………………………	142
レオナルド・ヘリコプターズ ……	204、206
ロビンソン ……………………………	186

索引

235

■著者紹介

青木　謙知（あおき　よしとも）

1954年12月、北海道札幌市生まれ。1977年3月、立教大学社会学部卒業。同年4月、航空雑誌出版社「航空ジャーナル社」に編集者/記者として入社。1984年1月、月刊『航空ジャーナル』の編集長に就任。1988年6月、月刊『航空ジャーナル』廃刊にともない、フリーの航空・軍事ジャーナリストとなる。著書は、『図解入門最新よくわかる　ジェットエンジンの基本と仕組み』『世界旅客機年鑑　2024年最新鋭機対応版』『幻の巨大航空機 An-225マニアックス』『幻の国産旅客機　SpaceJetマニアックス』（弊社）など多数。

●イラスト：箭内祐士
●協力：石原　肇

図解入門 最新
ヘリコプターがよ～くわかる本

発行日　2024年12月24日　　　　第1版第1刷

著　者　青木　謙知

発行者　斉藤　和邦
発行所　株式会社　秀和システム
　　　　〒135-0016
　　　　東京都江東区東陽2-4-2　新宮ビル2F
　　　　Tel 03-6264-3105（販売）Fax 03-6264-3094
印刷所　三松堂印刷株式会社　　　　Printed in Japan

ISBN978-4-7980-7350-7 C0050

定価はカバーに表示してあります。
乱丁本・落丁本はお取りかえいたします。
本書に関するご質問については、ご質問の内容と住所、氏名、電話番号を明記のうえ、当社編集部宛FAXまたは書面にてお送りください。お電話によるご質問は受け付けておりませんのであらかじめご了承ください。